TRICKSCHULE FÜR KATZEN

(Foto: Boumala)

TRICKSCHULE FÜR KATZEN

Spaß mit Clicker und Köpfchen

von Christine Hauschild

CADMOS

Danke!

Ein ganz herzliches Dankeschön an die Fotografen Christina Boumala und Kai Nissen sowie die Trainerinnen Helena Dbalý und Christina Nissen für die engagierte Zusammenarbeit und die tollen Bilder. Ehre gebührt den Fotostars dieses Buches: Birne, Cuno, Eazy, Faramir, Lütti, Plato und ZsaZsi.

Widmung

Für Special Agent ZsaZsi und Heldenkater Eazy

Impressum

Gestaltung und Satz: jb:design – Johanna Böhm, Möhnsen
Titelfoto: JBTierfoto
Fotos im Innenteil: Christina Boumala, Kai Nissen, Elina Rüter
Lektorat: Anneke Bosse
Druck: Westermann Druck, Zwickau

Deutsche Nationalbibliothek – CIP-Einheitsaufnahme
Die Deutsche Nationalbibliothek verzeichnet diese Publikation in der Deutschen Nationalbibliografie; detaillierte bibliografische Daten sind im Internet über http://dnb.ddb.de abrufbar.

Printed in Germany
ISBN 978-3-8404-4004-5

(Foto: Nissen)

Tricks mit Katzen?

Zur Verwendung dieses Buches

Clickertraining gehört für mich zu den schönsten gemeinsamen Unternehmungen von Mensch und Katze. Es geht dabei nicht darum, die Katze zu einem willenlosen, unterwürfigen Geschöpf zu machen, das springt, wenn wir „Hüpf" sagen. Clickertraining regt die Katzen dazu an, aktiv zu sein, neue Verhaltensweisen auszuprobieren und ihre Geschicklichkeit zu verbessern. Ängstliche Katzen können an Selbstvertrauen gewinnen, passive Katzen entwickeln Eigeninitiative, ungeduldige und unhöfliche Katzen können ihre Selbstbeherrschung verbessern. Und vor allen Dingen: Diese Form des Tricktrainings erfordert es, dass Ihre Katze denkt und lernt. Deshalb ist es ein tolles Mittel gegen chronische Unterforderung im Alltag vieler Wohnungskatzen.

Wenn Sie mit dem Tricktraining beginnen, sind Sie zunächst in einer Doppelrolle. Sie lernen selbst etwas ganz Neues, sind aber von Anfang an zugleich die Trainerin oder der Trainer Ihrer Katze. Wie leicht und mit welcher Freude Ihre Katze die Tricks lernen kann, hängt maßgeblich von Ihren Trainerqualitäten ab. Clickertraining setzt auf die freiwillige Mitarbeit Ihrer Katze, und die bekommen Sie dann, wenn das Training Ihrer Katze Spaß macht. Das kann von vielen kleinen und großen Dingen abhängen. Es lohnt sich sehr, sich damit im Vorfeld etwas ausführlicher auseinanderzusetzen.

Bestimmt haben Sie schon quer durch das Buch geblättert und die eine oder andere Trickanleitung gelesen. Das hätte ich an Ihrer Stelle jedenfalls so gemacht, und es würde mir in den Fingern jucken, sofort mit einer ersten Übung zu beginnen. Aber ich bitte Sie, sich noch etwas Zeit für die Vorbereitung zu nehmen. Ihre Katze wird die Trickschule nur dann erfolgreich und mit Vergnügen absolvieren, wenn sie von Ihnen flüssig und angenehm durch die Übungen geleitet wird. Das setzt voraus, dass Sie zunächst das nötige Wissen und etwas Praxis erwerben. Keine Angst, dies ist kein Theoriebuch! Bald schon können Sie direkt in das Training mit Ihrer Katze einsteigen.

Ab Seite 31 finden Sie Anleitungen für erste Tricks im Wechsel mit weiteren Informationen zu Trainingstechniken. Bitte arbeiten Sie die Übungen in diesem Kapitel mit Ihrer Katze chronologisch durch, da sie die Basis für alle weiteren Tricks und Übungen bilden. Im Anschluss daran können Sie die weiteren Trickideen mit Ihrer Katze einstudieren. Üben Sie das Clickern zunächst mit Menschen, trainieren Sie Ihr Timing und sammeln Sie Erfahrungen. Wenn das gut klappt, können Sie Ihrer Miez souverän den Weg zu verschiedenen Tricks zeigen. Gestehen Sie ihr ebenfalls etwas Zeit zu, das Prinzip des Clickertrainings erst mal zu begreifen. Sie werden merken, wenn es bei Ihrer Katze „Click" gemacht hat!

Ich wünsche Ihnen viele schöne Momente, spannende Erkenntnisse und ganz viel Spaß beim Tricktraining!

Christine Hauschild, im August 2010

(Foto: Boumala)

Mit dem Click zum Trick

Die in diesem Buch beschriebenen Tricks werden mithilfe des Clickertrainings eingeübt – eine faszinierende Möglichkeit, der Katze verständlich zu machen, was wir von ihr erwarten. Durch Click und Belohnung wird sie zu weiteren Taten motiviert.

Wichtigstes Werkzeug – der Clicker

Als wichtigstes Trainingsutensil benötigen Sie einen Clicker. Er ist eine Art Knackfrosch, der ein prägnantes, kurzes Geräusch macht, wenn man daraufdrückt. Im Fachhandel und im Internet sind Clicker heute leicht erhältlich. Es gibt sie in verschiedenen Formen und Farben und – dieser Aspekt ist wichtig für Ihre Katze – in verschiedenen Lautstärken. Der leiseste mir bekannte Clicker ist der sogenannte i-click, der von der Clickerpionierin Karen Pryor entwickelt wurde.

Als Alternative zu einem Clicker können auch andere Geräusche genutzt werden, etwa das Klacken eines Kugelschreibers. Das gewählte Clickgeräusch sollte allerdings zwei Kriterien erfüllen: Es sollte jedes Mal möglichst gleich klingen, und es darf nicht außerhalb der Trainingseinheiten im Alltag der Katze erklingen.

Wenn Sie nicht zufällig schnalzen, um Ihre Katze zu rufen oder zum Futter zu bitten (was viele Leute tun), dann würde ich Ihnen den sogenannten Zungenclick empfehlen. Ein Schnalzen mit der Zunge eignet sich sehr gut als Clickgeräusch und bietet zwei große Vorteile: Sie haben eine Hand frei, weil Sie keinen Clicker festhalten müssen, und Sie können auch außerhalb des Trainings spontan clicken.

Clickerrequisiten: verschiedene Targetstäbe, Auswahl an Futterbelohnungen, Clicker, Reifen, Leckerlidöschen, Futtertasche. (Foto: Nissen)

Sie haben Schwierigkeiten mit dem Schnalzen?

Dann probieren Sie es mal mit einem lauten Kuss in die Luft, einem richtigen Schmatzer – das erzeugt ein ähnliches Geräusch.

Der Mensch ist dran – das Clickerspiel

Schon ist es an der Zeit für die erste praktische Übung. Allerdings clickern Sie dabei noch nicht Ihre Miez, sondern Sie beginnen mit einem Menschen. Laden Sie Ihren Partner, eine Freundin oder Ihr Kind zum Clickerspiel ein – Sie können ihnen mit gutem Gewissen viel Spaß versprechen!

So funktioniert das Clickerspiel: Denken Sie sich eine Handlung aus, die Ihr Spielpartner ausführen soll. Beginnen Sie mit etwas Einfachem: sich auf einen bestimmten Stuhl setzen; den Fenstergriff anfassen; den Lichtschalter berühren. Sagen Sie Ihrem Spielpartner nicht, was Sie von ihm erwarten, sondern dass er durch Ausprobieren selbst herausfinden muss, was Sie sich überlegt haben. Die Hilfe erfolgt durch den Clicker. Erklären Sie ihm, dass der Click bedeutet: „Prima! Du bist auf dem richtigen Weg", und dass Sie ansonsten nicht mit ihm sprechen und ihm keine weiteren Hinweise geben dürfen. Sie weisen ihm ausschließlich mit dem Clicker den Weg zum Ziel.

Für das Lichtschalterbeispiel könnte das etwa so ablaufen: Er guckt oder wendet sich in die Richtung des Lichtschalters – Click! Er schaut woanders hin – kein Click. Sein Blick geht wieder grob in Richtung Lichtschalter – Click! Er hebt sein Bein zum Schritt in die richtige Richtung – Click! Er macht einen weiteren Schritt in Richtung Lichtschalter – Click! Noch ein Schritt – Click! Geht er aber am Lichtschalter vorbei durch die Tür – kein Click! Er fragt: „Soll ich hier nicht entlang?" Sie lächeln freundlich, sagen nichts und warten auf die nächste Möglichkeit zum Clicken: Er kehrt um – Click! Läuft er nun in die andere Richtung am Lichtschalter vorbei – kein Click! Dreht er sich erneut – Click! Er ist jetzt wie festgetackert in der Nähe des Türrahmens und berührt diesen mit der Hand – Click. Er berührt den Türrahmen erneut und auf Lichtschalterhöhe – Click! Berührt er den Türrahmen sehr viel höher – kein Click! Er fasst den Türrahmen wieder auf Lichtschalterhöhe an – Click! Er bewegt seine Hand in Richtung Lichtschalter – Click! Drückt er auf den Lichtschalter – Click und Jackpot durch verbale Bestätigung: „Super! Genau, das wollte ich!"

Das klingt ganz leicht, erfordert aber aufseiten des Trainers einiges: Zunächst müssen Sie ge-nau entscheiden, welches Verhalten Sie am En-de sehen möchten. Vor dem Start sollten Sie im Kopf einmal durchspielen, welche Ansätze Ihr Spielpartner auf dem Weg zum Ziel zeigen könnte. Das kann ein erster Schritt in Richtung Zielobjekt sein, aber wahrscheinlich können

„Irgendwas mit der Schublade?" Der Lichtschalter ist schon in der Nähe, aber noch nicht als Zielobjekt erkannt. (Foto: Nissen)

und sollten Sie schon vorher ansetzen: bei einem Blick oder einem leichten Vorlehnen des Oberkörpers in die richtige Richtung. Wenn man nicht schon vorher diese kleinen Schritte klar für sich definiert hat, kommt man zwangsläufig während des Spiels ins Grübeln. „Soll ich das jetzt clicken? Ein Schritt ist ja gut, aber es war nicht ganz die richtige Richtung. Hm, vielleicht hätte ich eben schon clicken sollen, als er dorthin geschaut hat …"

Während Sie nun all das denken, bleibt Ihr Spielpartner ungeclickt. Das ist kein schönes Gefühl, weil zum einen die erhoffte Bestätigung ausbleibt und zum anderen leicht Ratlosigkeit entsteht, die weitere Aktivitäten und Versuche hemmen kann. Während des Spiels sind also Klarheit und größte Aufmerksamkeit gefragt, damit Ihnen auch die klitzekleinen Ansätze und Bewegungen nicht entgehen. Für Ihren Spielpartner wird es nämlich umso leichter und motivierender, je häufiger er einen Click als Reaktion auf eine Handlung bekommt. Dazu muss der Click im Moment der Handlung erfolgen. Wenn Sie zum Beispiel möchten, dass Ihr Partner mehrere Schritte vorwärtsgeht, müssen Sie immer genau dann clicken, wenn er sein Bein zum Schritt hebt. Sind Sie etwas zu spät und clicken, wenn er sein Bein gerade absetzt, dann wird er stocken und innehalten, denn Sie clicken ihn dafür, beide Füße auf dem Boden zu haben.

Ihr Spielpartner ist ein toller Spiegel für Ihre eigenen Clickerfähigkeiten. Anfangs wird er sicher häufiger mal meckern. „Was soll ich denn nun machen?" oder: „Ich versteh nicht, was du willst …" Nutzen Sie das, um zu analysieren, was Ihrem Spielpartner Schwierigkeiten bereitet. Je besser Sie werden, desto seltener werden diese Momente, und desto schneller und freudiger wird Ihr Partner in den Übungen bestimmte Verhaltensweisen anbieten.

Wechseln Sie unbedingt auch einmal die Seiten. Erleben Sie selbst, wie es sich anfühlt, wenn der Clicker nicht präzise oder nur sehr selten eingesetzt wird, und fühlen Sie, wie toll es ist, wenn ein Click kurz nach dem nächsten ertönt und alle Ihre Handlungen jeweils durch „Richtig!" bestätigt werden.

Üben Sie nach Möglichkeit mit verschiedenen Menschen, um Routine mit unterschiedlichen Charakteren zu bekommen – jeder Mensch und jede Katze hat leicht unterschiedliche Verhaltensstrategien, die sich in der Clickersituation zeigen. Denken Sie sich verschiedene Aufgaben aus und erhöhen Sie ganz langsam den Schwierigkeitsgrad.

Waren Ihre letzten fünf Clickerspiele flüssig, spaßig und erfolgreich? Haben Ihre Spielpartner nach mehr verlangt? Dann sind Sie so weit, mit Ihrer Katze zu beginnen. Allerdings müssen wir vorher noch dafür sorgen, dass Ihre Katze nun versteht, was der Click bedeutet.

Die Bedeutung des Clicks – vom bloßen Geräusch zum tollen Versprechen

Ihre Katze ist noch völlig ahnungslos. Weder weiß sie, dass es demnächst regelmäßig einen spannenden Alltagsspaß geben wird, noch hat das Clickgeräusch für Ihre Katze bisher irgendeine Bedeutung. Hört sie einen Click, wird sie wahrscheinlich kurz gucken, was das für ein Laut ist, und dann mit dem weitermachen, was sie ohnehin gerade getan hat.

Das ändern wir, indem wir den Click für die Katze mit etwas Tollem – genauer: mit etwas Leckerem – verbinden.

Erster Schritt: Konditionierung auf den Click

Bereiten Sie – je nach Appetit Ihrer Katze – fünf bis acht kleine Leckereien vor. Nehmen Sie diese in die eine, den Clicker in die andere Hand und setzen Sie sich zu Ihrer Katze. Clicken Sie einmal und geben Ihrer Katze sofort ein Leckerchen. Die Reihenfolge ist entscheidend: Zuerst erfolgt der Click, danach kommt das Leckerchen. Warten Sie einen Augenblick, dann clicken Sie erneut und geben ihr sofort ein weiteres Leckerchen. Zwischen dem Click und der Leckerligabe sollte weniger als eine Sekunde liegen. So fahren Sie fort, bis die vorbereiteten Leckerchen verspeist sind. Erwarten Sie bitte nichts Spektakuläres. Ihre Katze wird sich über die Leckereien freuen, aber sie muss jetzt noch nichts dafür tun! Sie lernt so schnell, dass der Click ein Leckerchen ankündigt.

Diesen Lernvorgang bezeichnet man als klassische Konditionierung. Der Click ist ab jetzt für Ihre Katze kein neutrales, unwichtiges Geräusch mehr, sondern er verspricht eine Leckerei und bekommt eine positive Bedeutung – „lecker!".

Wenn Ihre Katze noch nicht satt ist, können Sie im Anschluss gleich den ersten Trick einstudieren (siehe Nasenberührung am Targetstab, Seite 25). Die Verknüpfung Click – Leckerchen wird während des Trainings weiter gefestigt.

Klassische Konditionierung passiert im Alltag ganz häufig und meist ungeplant. Kommt Ihre Katze angesaust, wenn Sie an den Schrank mit dem Futter gehen oder den Kühlschrank öffnen? Sie hat gelernt, dass dies die Ankündigung einer Mahlzeit ist – oder zumindest sein könnte. … Aber es muss nicht immer nur um Futter gehen. Meine eigenen Katzen reagieren mit Begrüßung, Aktivität oder Spielaufforderung, wenn ich mich am Telefon verabschiede oder das Notebook zuklappe. Die damit verbundenen Worte und Geräusche kündigen ihnen an, dass die Chancen für eine Runde Spiel oder Schmusen gut stehen.

Geeignete Leckereien

Die Wirkung des Clicks auf Ihre Katze steigt mit der Qualität der Belohnung. Was qualitativ hochwertig, nämlich ganz fantastisch lecker ist, entscheidet allein Ihre Katze! Gibt es etwas, wofür Ihre Katze so ziemlich alles machen würde? Welches Futter versetzt sie in Aufregung? Dieses Futter ist genau das richtige zum Clickern und damit für das Tricktraining.

Plato geht von Stuhl zu Stuhl, um sich damit Click und Belohnung zu verdienen. (Foto: Boumala)

Kleine Stückchen genügen – Ihre Katze sollte nicht zu schnell satt werden, sondern sich am guten Geschmack erfreuen und Lust behalten auf mehr davon. Ein weiterer Vorteil von kleinen Belohnungen ist, dass die Katze nicht lange kauen muss und schnell für die nächste Aktion bereit ist.

Wenn Sie regelmäßig mit Ihrer Katze trainieren, sollten Sie die Menge des verclickerten Futters von der Tagesration Ihrer Miez abziehen, um eine Gewichtszunahme zu vermeiden. Bei gesundheitlichen Problemen Ihrer Katze oder falls sie eine bestimmte Diät einhalten muss, besprechen Sie bitte mit Ihrem Tierarzt, welche Art von Leckerei geeignet ist.

Bei einigen Katzen ist es nicht leicht, eine Futterbelohnung zu finden, die sie begeistert. Hier ein paar Anregungen:

- Trockenfutterbröckchen (möglichst kleine Stücke, gegebenenfalls zerteilen, Kittenfutter)
- Leckerlistangen (in viele kleine Brösel zerkleinert)
- Verschiedene Katzenleckerli
- Rohes oder gekochtes klein geschnittenes Fleisch (verschiedene Sorten außer Schweinefleisch probieren)
- Malz- oder Vitaminpaste
- Schleck am Joghurt-/Sahne/Schmandbecher
- Schleck vom Löffel mit geliebtem Nassfutter
- Käsewürfel (verschiedene Sorten probieren)
- Frischkäse
- Ein Schlückchen selbst gekochte Hühnerbrühe

Die Bandbreite möglicher Leckerchen ist sehr groß. Erlaubt ist alles, was Ihrer Katze gefällt und nicht gefährlich (etwa schädlich giftig) für sie ist. Und natürlich gilt: Je gesünder, desto besser!

Wenn Sie und Ihre Katze entscheiden, dass frisches oder gekochtes Fleisch das Richtige für Sie beide ist, können Sie das Fleisch in Trainingsportionen teilen und einzeln einfrieren. Für den nächsten Tag einfach auftauen und kurz vor dem Training in Würfel schneiden.

Je leckerer die Belohnung, desto höher die Motivation für das Tricktraining – es lohnt sich, den Favoriten unter den Leckerchen in einem kleinen Test zu ermitteln. (Foto: Nissen)

Zweiter Schritt: Der Click bedeutet „Richtig gemacht!“

Ihre Katze hat gelernt, dass der Click immer etwas Leckeres ankündigt. Sie wird sich daher freuen, wenn der Click möglichst oft ertönt. Sobald Ihre Katze merkt, dass sie durch ihr eigenes Verhalten bewirken kann, dass Sie clicken und eine Belohnung geben, wird sie genau dies wiederholt versuchen. Wenn Sie Ihre Katze clicken, sobald sie eine Pfote auf ein Deckchen setzt, und ihr sofort eine Belohnung geben, dann macht Ihre Miez die Erfahrung, dass sich die Handlung „Pfote auf Decke setzen“ lohnt. Es macht überhaupt nichts, dass Ihre Katze aus Versehen den Trick oder den ersten Schritt zu einem Trick ausführt. Der Click und die folgende Leckerei vermitteln ihr: „Das hast du genau richtig gemacht. Dafür bekommst du jetzt die Belohnung.“ Meist sind einige Wiederholungen nötig, bis die Katze verstanden hat, wie genau sie es geschafft hat, Sie zum Clicken zu bringen – und ab dann wird sie versuchen, gezielt durch ihr Verhalten erneut Click und Belohnung (im Folgenden „C & B“) zu bekommen.

Dieser Lernprozess wird operante Konditionierung oder instrumentelle Konditionierung genannt. Beim Clickertraining kommen zwei Varianten dieser Art des Lernens zum Tragen: Zeigt Ihre Katze ein Verhalten und der erwartete Click bleibt aus, so ist dieses Verhalten für die Katze nicht lohnenswert, sondern frustrierend. Die Katze wird dieses Verhalten bald seltener oder gar nicht mehr zeigen. Wenn sie hingegen lernt, dass ein bestimmtes Verhalten positive Folgen in Form von C & B mit sich bringt, wird sie dieses Verhalten häufiger zeigen. Ihr Verhalten wird positiv verstärkt. Dies ist es, was wir uns beim Tricktraining zunutze machen. Ihr Ziel sollte sein, Ihrer Katze in einer Trainingseinheit zu so vielen positiven Momenten und Erfolgserlebnissen wie möglich zu verhelfen.

Wie bei der klassischen Konditionierung ist auch bei der operanten Konditionierung die Abfolge der Ereignisse entscheidend. Nur wenn der Click im Moment des Verhaltens erfolgt und die Belohnung unmittelbar im Anschluss gegeben wird, kann die Katze beim Clickertraining neue Tricks lernen.

> Entscheidend für den Lernprozess ist nicht, wie etwas gemeint ist, sondern wie es beim Tier ankommt! Wenn ich meine Katze als Belohnung streichle, sie aber gerade gar nicht in der Stimmung ist, dann ist mein Streicheln – lerntheoretisch gesprochen – eine Strafe. Ich füge ihr in diesem Augenblick etwas Unangenehmes zu, auch wenn das nicht meine Absicht ist. Meine Katze wird das zuvor gezeigte Verhalten künftig seltener zeigen.

Es erfordert große Konzentration, gute Beobachtungsgabe und schnelle Reaktion, um wirklich im Moment der Handlung zu clicken. Sie haben maximal eine halbe Sekunde Zeit. Kommt der Click später, wird er mit dem

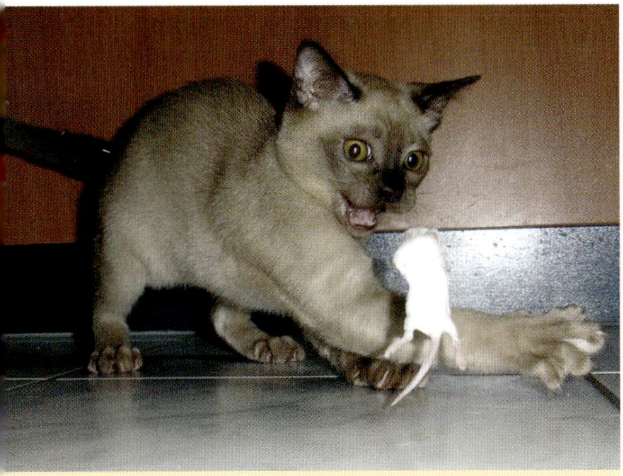

Wohnungskatzen haben selten das Glück wie Plato, dass ihnen eine Maus über den Weg läuft und sie sich nach Katzenart beschäftigen können. Clickertraining ist kein Ersatz für Jagd und Spiel, aber eine schöne Form der Auslastung für unterforderte Katzen. (Foto: Dbalý)

Folgeverhalten in Verbindung gebracht und Sie haben bald eine verwirrte Katze vor sich.

Denken Sie noch einmal an das Clickerspiel mit Menschen. Eine klassische Konditionierung auf den Click ist dabei nicht nötig, weil Sie die Bedeutung des Clicks mit Worten erklären können und der Erfolg, einen Click zu erzeugen, in der Spielsituation für einen Menschen in der Regel Belohnung genug ist. Sie steigen also sofort in die operante Konditionierung ein: Ihr Spielpartner handelt, dreht seinen Kopf, macht einen Schritt, berührt ein Objekt, und Sie kennzeichnen und belohnen dieses Verhalten im selben Augenblick mit dem Click als richtig. Sie verstärken die entsprechende Handlung ihres Partners positiv und motivieren ihn, das Verhalten erneut zu zeigen beziehungsweise in diese Richtung weiterzuprobieren.

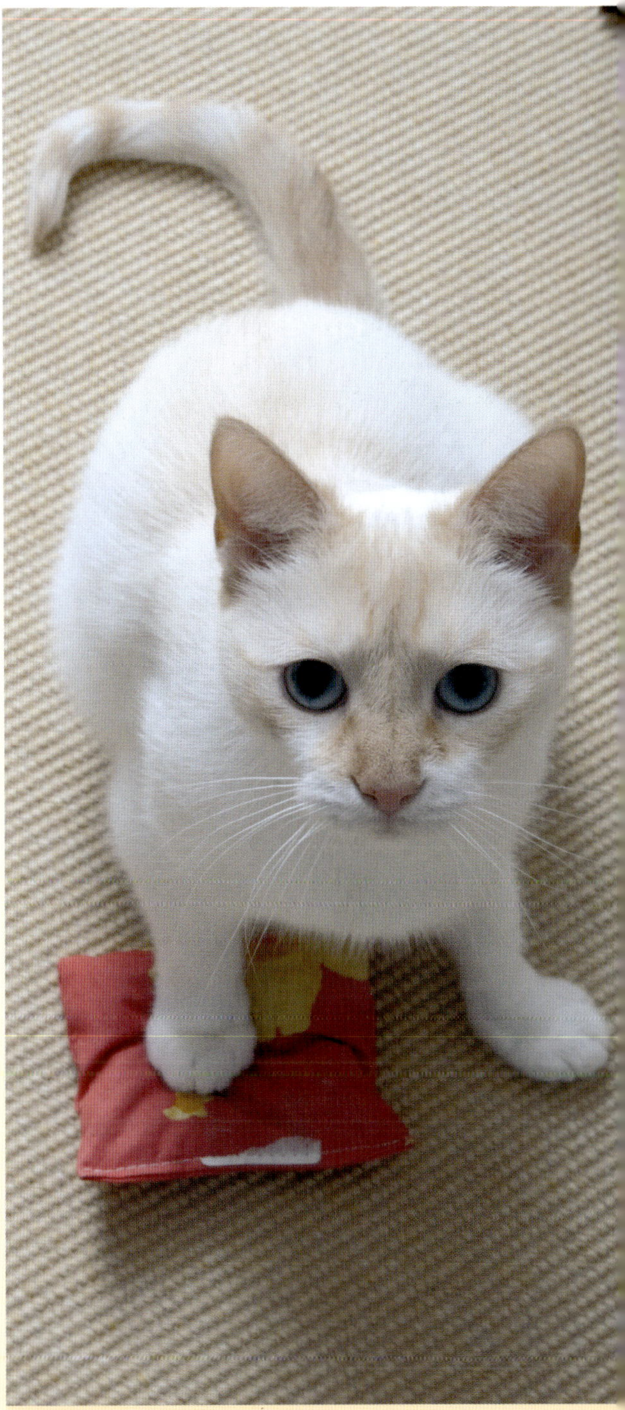

Das Kissen ist für Birne ein Pfotentarget – wenn er seine rechte Pfote daraufsetzt, bekommt er Click und Belohnung. (Foto: Nissen)

(Foto: Nissen)

Alles gut geplant?

Die Trainingsvorbereitung

Bevor Sie gleich endlich mit dem ersten Tricktraining beginnen, gilt es noch einige praktische Vorbereitungen zu treffen, damit das Training für Ihre Katze angenehm, spannend und erfolgversprechend wird.

Wissen, was man will – das Trainingsziel

Es ist elementar, dass Sie vor dem Training eine klare Entscheidung treffen, was das Ziel der Trainingseinheit ist. Überlegen Sie, welche Schritte Ihre Katze auf dem Weg zu diesem Ziel anbieten könnte. Schreiben Sie sich ruhig das Ziel und die Zwischenschritte auf, die Ihnen einfallen. Überprüfen Sie nach dem Training, welche dieser Schritte Ihre Katze wirklich angeboten hat und welche Sie gar nicht erwartet, aber geclickt haben. Notieren Sie sich auch Trainingsdauer und Anzahl der Clicks – wenn Sie wissen, mit wie vielen Leckerchen Sie ins Training gestartet sind, können Sie einfach die übrig gebliebenen davon abziehen. So entsteht automatisch ein kleines Clickertagebuch. Es wird Ihnen helfen, mögliche Schwierigkeiten beim Training aufzudecken und darauf zu reagieren. Sie beobachten so systematisch, wie Ihre Katze beim Tricktraining tickt, welche Talente sie hat, was ihr und was Ihnen selbst schwerfällt und worauf Sie beim Training mit Ihrer Katze achten müssen.

In einem Trainingstagebuch können Sie notieren:

- Trainingsziel sowie Zwischenschritte
- Wie weit sind Sie gekommen?
- Welche Zwischenschritte hat Ihre Katze angeboten?
- Dauer des Trainings
- Anzahl Clicks
- Schwierigkeiten

Wo und wann – Trainingsort und -zeit

Wo wollen Sie trainieren? Haben Sie dort um diese Zeit Ruhe? Sorgen Sie unbedingt dafür, dass keine Kinder oder Partner während des Trainings plötzlich hereinplatzen. Auch kätzische Mitbewohner sollten sich zu Beginn nicht im selben Raum aufhalten (falls Ihnen dies Schwierigkeiten bereitet, siehe „Tricktraining mit mehreren Katzen“ ab Seite 88).

Ihre Katze hat das Recht auf Ihre volle Konzentration und ein störungsfreies Training. Stellen Sie sich darauf ein, das Telefon zu ignorieren, falls es während des Tricktrainings klingelt, oder schalten Sie es ganz aus. So kann auch für Sie die Trainingssituation nun fast wie eine kleine Meditation werden, bei der Sie sich voll und ganz auf die Katze und das Training einlassen.

Lernen erfolgt über Verknüpfungen, etwa einer Handlung mit einer Konsequenz. Zusätzlich werden aber, von uns unbeabsichtigt und ungeplant, weitere Aspekte der Situation verknüpft. Dies gilt insbesondere für den Trainingsort. Konstante Rahmenbedingungen helfen der Katze beim Lernen. Andersherum muss sie bei einem Wechsel des Trainingsorts eine zusätzliche Lernleistung vollbringen, nämlich dass etwa Männchen machen nicht nur auf dem Wohnzimmerteppich, sondern auch auf den Holzdielen im Flur ein Erfolgsgarant für C & B ist.

Machen Sie also Ihrer Katze den Start ins Trickkatzenleben so leicht wie möglich, indem Sie zunächst immer am selben Ort trainieren.

Wenn eine Katze lernt, dass ein bestimmtes Verhalten unter unterschiedlichen Rahmenbedingungen (wechselnde Orte, verschiedene Trainer) die gleiche Konsequenz hat (etwa Click & Belohnung), so spricht man von einer Generalisierung.

Mehr als nur Beiwerk – die Trainingsutensilien

Legen Sie alle Dinge, die Sie im Laufe des Trainings benötigen werden, schon vor Trainingsbeginn bereit. Ihre Katze versteht nicht, dass Sie nur mal eben kurz verschwinden, weil der Reifen noch im Nebenraum liegt. Sie könnte es sogar als Strafe für ein gezeigtes Verhalten wahrnehmen: „Oh, wenn ich Männchen mache, läuft mein Mensch danach weg." Das wäre nicht schön!

Plato springt nicht nur im Haus, sondern auch im Garten durch die Arme seiner Halterin. (Foto: Boumala)

Es sollte immer sichergestellt sein, dass die Katze sich auf keinen Fall an scharfen Ecken, Kanten oder Splittern der Requisiten verletzen kann. Darüber hinaus können Sie persönliche Präferenzen und Abneigungen Ihrer Katze berücksichtigen. Viele Katzen berühren nicht gern Plastik. Sollte das auch auf Ihre Katze zutreffen, wählen Sie andere Materialien.

Neben Objekten, die Sie für den geplanten Trick brauchen, gehören natürlich der Clicker und die Belohnungen zu den Trainingsutensilien. Wissen Sie schon, wie Sie die Futterbelohnungen während des Trainings handhaben wollen?

Eine Variante besteht darin, die Belohnungen einfach in der Hand zu halten. Von dort kann man sie schnell nach einem Click an die Katze weiterreichen, und man kann sicher sein, dass sie nicht geklaut werden. Allerdings steht die Leckerlihand dann nur eingeschränkt für das Halten von Requisiten zur Verfügung. Außerdem könnte es dazu führen, dass sehr grobe Katzen versuchen, mit Krallengewalt an das gute Futter zu kommen. Bis diese Katzen gelernt haben, dass Futter nicht immer nur vom Himmel fällt, sondern sie es sich erarbeiten können, sollte man für das Training ein anderes Futterbehältnis als die Hand wählen. Geeignet ist jegliche Art von verschließbarem Gefäß, das der Mensch leicht öffnen kann, die Katze aber keinesfalls. Es lohnt sich, den Ablauf von „Click, Dose auf, Belohnung herausnehmen und hinlegen, Dose zu“ vor dem ersten Training zu üben, damit es im Training schön schnell geht.

Ist Ihre Katze eher sanft und kontrolliert oder kennt sie bereits nach kurzer Zeit das Clickerprinzip? Dann können Sie es mit einem Tellerchen probieren, auf dem das Futter bereitliegt. Sie sollten Ihrer Katze aber kein Übermaß an Selbstbeherrschung abverlangen und ihr den Teller vor die Nase stellen – Ihre Katze braucht die Konzentration schließlich für das Tricktraining. Fairer ist es, den Belohnungsteller in Griffweite, aber außerhalb des direkten Sichtfeldes der Katze zu platzieren.

Ich nehme am liebsten Futtertaschen aus dem Hundetraining, die man am Gürtel befestigen kann. Um beim Herausholen der kleinen Stückchen nicht in den Falten dieser Taschen hängen zu bleiben, stelle ich eine Kunststoffdose hinein. So kann man ganz leicht und schnell bis an den Grund greifen und hat das Futter nah bei sich, ohne dass die Katze es sehen kann.

In der Kürze liegt die Würze – die Trainingsdauer

Damit das Tricktraining für Ihre Katze etwas Spannendes und Spaßiges ist, braucht sie viele Erfolgserlebnisse. Diese sollten nun aber nicht durch besonders lange Trainingseinheiten zustande kommen, sondern durch eine hohe Click- und Belohnungsquote innerhalb eines kurzen Zeitraums. Nur solange sich die Katze noch sehr gut konzentrieren kann und solange sie noch durch die Futterbelohnung wirklich motiviert ist, kann eine Trainingseinheit gut sein. Ist die Katze satt, dann verliert das Tricktraining für sie an Bedeutung und damit an Wert. Kann sie sich nicht mehr gut konzentrieren, ist die Gefahr groß, dass wir sie überfordern und frustrieren.

Grundsätzlich sollten Sie das Training immer beenden, wenn Ihre Katze gerade erfolgreich war, sich also C & B verdient hat, und bevor sie die Lust und Motivation verliert. Die Dauer einer Trainingseinheit lässt sich an zwei Aspekten messen: an der fortschreitenden Zeit und an der Anzahl von C & B. Wenn Ihre Miez nie mehr als ein paar kleine Häppchen zu sich nimmt, dann ist die Dauer der Trainingseinheiten vielleicht auf fünf oder zehn Clicks beschränkt. Das ist nicht viel, aber machen Sie sich keine Sorgen – Ihre Katze kann trotzdem genauso viel lernen wie andere Katzen auch. Finden Sie heraus, ab der wievielten Belohnung Ihre Katze in der Regel satt ist, ziehen Sie zwei davon ab und nehmen Sie dies als Maß. Gehört Ihre Katze hingegen zu den Futtervernichtungsmaschinen, dann zählen Sie vorher ebenfalls eine bestimmte, aber größere Menge an Belohnungen ab (circa 15 bis 20). Sind die Belohnungen aufgebraucht, dann ist die Trainingseinheit vorbei.

Generell sollten Sie sich zusätzlich zur kontrollierten Zahl von Belohnungsmöglichkeiten immer auch eine Zeitgrenze setzen. Für den Einstieg sind Einheiten von einer bis maximal (!) zwei Minuten genug. Am besten stellen Sie sich eine Uhr in Sichtweite, denn Sie werden staunen, wie schnell die Zeit beim Clickern verfliegt. Auch mit erfahrenen und sehr motivierten Clickerkatzen trainiere ich selten länger als fünf Minuten am Stück. Tricktraining ist für die Katzen anstrengende Arbeit, die Konzentration lässt irgendwann nach, und für die Clickermotivation gilt: Hören Sie auf, wenn es am schönsten ist.

Wussten Sie, dass Katzen besser jagen, wenn sie nicht besonders hungrig sind? Der Antrieb zur Jagd ist unabhängig vom Sättigungsgrad. Einer ausgehungerten Katze fehlt für eine erfolgreiche Jagd oft die notwendige Ruhe und Geduld. Hungern Sie also Ihre Katze bitte auch vor dem Clickern nicht aus.

Sooft Sie und Ihre Katze mögen

Es wäre schön, wenn Sie regelmäßig mit Ihrer Katze clickern und das Tricktraining zu einem Alltagsritual werden lassen. Gerade am Anfang hilft das den Katzen, sich an das Training zu gewöhnen und das neue Clickerprinzip zu verstehen. Bei täglichen kurzen Trainingseinheiten sehen Sie meist recht schnell Erfolge, was Ihren Spaß und Ihre eigene Motivation erhöht. Falls Sie es (auf Dauer) nicht täglich schaffen, wird es trotzdem funktionieren. Ihre Katze kann sich auch nach ein paar Tagen noch daran erinnern, was Sie beim letzten Mal trainiert haben. Sie braucht vielleicht etwas länger für den Einstieg, wird dann aber prima mitmachen. Fertig trainierte Tricks merken Katzen sich auch über längere Zeiträume. Wenn Sie hingegen selbst Zeit und Ruhe und dazu eine hoch motivierte Katze haben, spricht nichts gegen mehrere kurze Trainingseinheiten pro Tag mit längeren Pausen dazwischen. Bitte überprüfen Sie aber sehr genau, ob Ihre Katze auch genauso viel Lust dazu hat wie Sie, sodass Sie sie auf keinen Fall überfordern.

Der agile Lütti powert sich gern beim Spielen aus. Beim Tricktraining zeigt er, dass er auch ein kluges Köpfchen ist und ist mit längeren Pausen gern mehrmals am Tag begeistert bei der Sache. (Foto: Nissen)

(Foto: Boumala)

Es ist so weit:

Der Einstieg ins Tricktraining

Mit diesem Kapitel wird es ernst: Sie werden gleich die erste Clickerübung mit Ihrer Katze machen, nämlich die Berührung eines sogenannten Targetstabs mit der Nase. Im Anschluss werden sich weitere Trickanleitungen mit zusätzlichem Hintergrundwissen abwechseln. So lernen Sie, den Clicker als flexibles Trainingsinstrument einzusetzen und Ihrer Katze die Erfolge immer so leicht wie möglich zu machen.

Nasenberührung am Targetstab

Idee der Übung ist, dass die Katze das Ende eines Stabes mit der Nase berührt, sobald sie den Stab wahrnimmt. Wenn die Übung fertig trainiert ist, durchquert die Katze auch einen Raum oder überwindet Hindernisse, um den Targetstab berühren zu können.

Es können verschiedene Dinge als Targetstab verwendet werden, zum Beispiel Stifte, Kochlöffel, chinesische Essstäbchen und so weiter. Eine Länge von 20 bis maximal 60 Zentimetern ist ideal.

Wenn Ihre Katze sehr scheu gegenüber Menschen ist und Berührungen fürchtet oder vermeidet, wählen Sie gern einen noch längeren Stab, dessen Handhabung Sie aber unbedingt ohne Katze üben sollten. Diese Übung ist dann mit dem längeren Stab für Ihre Katze leichter, da sie in größerer und sicherer Entfernung zu Ihnen bleiben kann. Sollte Ihre Katze eine Distanz von unter 1,20 Metern zu Ihnen noch nicht ohne größere Anspannung aushalten, verzichten Sie bitte vorerst auf diese Übung und beginnen zum Beispiel mit einem Pfotentarget (siehe Seite 63). Dabei können Sie größeren Abstand halten.

Faramir folgt dem Targetstab und hält Kontakt mit der Nase. Die leicht versteckte Position der Halterin erleichtert einer scheuen Katze die Übung. (Foto: Boumala)

„Target“ ist das englische Wort und zugleich ein Fachausdruck im Trainingsjargon für „Ziel“. Wir können „Targetstab“ also mit „Zielstab“ übersetzen. Man unterscheidet zwischen Nasentargets, die die Katze mit der Nase berühren soll, und Pfotentargets für Berührungen mit der Pfote. Es wäre denkbar, aber deutlich schwieriger zu trainieren dass die Katze einen Gegenstand mit einem anderen Körperteil, etwa Schulter oder Hüfte, berührt.

AUFBAU

Stufe 1

Bei dieser Übung können wir die natürliche Neugier und Neigung der Katzen nutzen, neue Gegenstände mit der Nase zu erkunden. Um der Katze einen schnellen Erfolg zu verschaffen, gestalten wir die ersten Schritte ganz einfach. Bewegen Sie ein Ende des Targetstabs behutsam von schräg vorn auf die Schulter Ihrer Katze zu und stoppen Sie spätestens, wenn der Stab noch etwa eine Handbreit von Ihrer Katze entfernt ist (die Katze wird von Ihnen nicht aktiv mit dem Stab berührt). Das Ende des Stabs soll der Katze dabei unaufdringlich so nahe kommen, dass sie ihn mit nur minimaler Bewegung ihres Kopfes berühren kann. Sobald Ihre Katze den ersten Bewegungsimpuls in Richtung Stab zeigt, clicken Sie und legen oder halten den Stab kurz außer Sichtweite, während Sie Ihrer Katze die Belohnung geben. Wenn sie aufgegessen hat, kommt die nächste Runde: Halten Sie den Stab genau wie eben in Reichweite Ihrer Katze. Wenn sie ihre Nase an den Stab stupst: C & B.

Gehört Ihre Katze zu den handverlesenen Exemplaren, die der Versuchung widerstehen und die Nase nicht ganz automatisch an den Stab bringen? In diesem Fall sind Ihre Trainerqualitäten im genauen Beobachten gefragt: Es kommt äußerst selten vor, dass eine Katze ein bewegtes Objekt in ihrer unmittelbaren Umgebung vollständig ignoriert. Clicken Sie Ihre Katze bitte in dem Moment, in dem sie den Targetstab das erste Mal kurz anblickt. Auf diese Weise lernt Ihre Katze schnell, dass es mit dem Stab etwas Gutes auf sich hat und wird sich nach einigen „Blick-Clicks“ dazu durchringen, ihn einer genaueren Untersuchung mit der Nase zu unterziehen – C & B folgen.

Insbesondere verspielte Katzen möchten vielleicht mit der Pfote nach dem Targetstab hangeln. Dafür gibt es kein C & B. Achten Sie stattdessen ganz besonders auf jede kleinste Vorstreckbewegung ohne gehobene Pfote, die Ihre Katze mit Hals und Kopf Richtung Targetstab zeigt, um sie für die Annäherung ihres Näschens clicken zu können.

Hat Ihre Katze einige Male ohne zu zögern den Targetstab mit der Nase berührt, sobald er in ihre Nähe kommt, können Sie sich und ihr gratulieren: Ihre Katze hat den ersten Schritt der Übung bereits verstanden!

Stufe 2

Nun können Sie den Schwierigkeitsgrad ein wenig erhöhen. Halten Sie den Targetstab wieder in die Nähe Ihrer Katze, aber im Vergleich zu vorher etwa 3 bis 4 Zentimeter weiter weg. Ihre Katze muss noch immer nicht aufstehen, um den Stab zu berühren, aber sie muss sich ein bisschen strecken. Sobald sie das tut, bekommt sie sofort C & B. Wiederholen Sie dies einige Male, bis Ihre Katze zuverlässig ihre Nase zum Stab streckt, mal etwas nach oben, mal nach unten, mal etwas nach rechts und dann zur anderen Seite.

Falls Sie jetzt immer noch in Ihrer allerersten Trainingseinheit mit dem Targetstab sind, machen Sie Schluss für heute. Sie haben bis hierhin bestimmt schon eine Menge C & B an Ihre Katze gebracht und Sie beide haben viel erreicht!

Mögliche Schritte auf dem Weg zum Ziel

- Blick zum Targetstab (TS)
- Nase aus geringer Entfernung an den TS
- Strecken des Halses, um den TS zu berühren
- Aufstehen, um mit der Nase an den TS zu kommen
- Einen Schritt machen und TS berühren
- Mehrere Schritte zum Targetstab zurücklegen

Stufe 3

Der nächste Schritt ist für einige Katzen ein sehr großer: Jetzt müssen sie nämlich aufstehen, um den Targetstab zu berühren und sich so C & B zu verdienen. Auch falls Ihre Katze ohnehin bei diesem Training schon steht, genügt ein Strecken nicht mehr, sondern es muss etwas mehr Bewegung in die Miez.

An dieser Stelle des Trainings besteht nun die Gefahr, die Katze zu überfordern, indem man den Stab zu schnell zu weit entfernt. Die Katze wird den Stab dann, wenn überhaupt, nur noch angucken, aber sich nicht rühren. Da wir es unseren Katzen immer so leicht wie möglich machen wollen, reicht es uns, wenn die Katze zu diesem Zeitpunkt genau einen einzigen Schritt Richtung Targetstab macht und diesen dann berühren kann.

Stufe 4

Wenn Ihre Katze mehrmals bereit war, diesen einen Schritt zu machen, halten Sie den Stab beim nächsten Versuch eine Daumenlänge weiter weg und fragen Sie sie nach einem zweiten Schritt – auf den natürlich prompt C & B folgen. Auf diese Art und Weise können Sie nun in vielen kleinen Schritten und über eine ganze Reihe von Trainingseinheiten langsam die Distanz zwischen dem Targetstab und Ihrer Katze vergrößern und damit die Auf-

Der Einstieg ist leicht: Der Targetstab wird so gehalten, dass Faramir nur ein wenig den Kopf heben muss, um ihn zu berühren. (Foto: Boumala)

gabe immer schwerer machen. Dabei müssen Sie aber keineswegs geradlinig vorgehen – es kann frustrierend sein, wenn alles immer nur schwieriger wird. Überraschen Sie Ihre Katze zwischendurch, indem Sie ihr den Stab wieder ganz nah anbieten und sie sich mit einer „lockeren Kopfbewegung“ C & B verdienen kann.

Hat Ihre Katze in der letzten Trainingseinheit mehrmals einen Schritt hin zum Target gemacht? Schalten Sie beim nächsten Mal zunächst einen Gang zurück und bringen Ihrer Katze die Übung noch einmal in Erinnerung, indem Sie den Stab so nah an sie heranbringen, dass sie nur ihr Näschen etwas bewegen muss. Je nachdem, wie schnell Ihre Katze wieder das erwünschte Verhalten zeigt, können Sie gemeinsam mit wenigen oder vielen Wiederholungen der einzelnen Schritte bis zum Endpunkt der letzten Trainingseinheit voranschreiten. Es ist völlig okay und oft auch angebracht, einfach das bisher Erlernte durch Wiederholungen zu festigen, bevor es weitergeht.

Abwechslung können Sie ins Spiel bringen, wenn Sie mit dem Targetstab nicht nur auf dem Boden arbeiten. Stellen Sie vor Beginn des Trainings einen Stuhl in Reichweite. Anstatt Ihre Miez zwölf Schritte auf den Stab zugehen zu lassen, zeigen Sie ihr den Stab auf oder über der Sitzfläche des Stuhls. Die Katze muss nun für die Nasenberührung auf den Stuhl springen.

Variation

Anstatt zum Targetstab hinzugehen, kann Ihre Katze auch lernen, ihm zu folgen. Die Katze muss dabei ihr Näschen zunehmend länger an die Stabspitze halten, um sich C & B zu verdienen. Um das zu trainieren, verzögern Sie den Click eine Sekunde, wenn Ihre Katze in die richtige Position geht. Bleibt sie mit der Nase am Stab: C & B. Wiederholen Sie dies mehrfach. Dann erhöhen Sie sekundenweise die Zeit, die die Katzennase am Target sein muss. Gehen Sie dabei nicht zu schnell vor und verkürzen Sie zwischendurch wieder die geforderte Zeit.

Die nächste Herausforderung besteht darin, dass die Katze dem bewegten Targetstab im Gehen mit der Nase folgt. Sie muss also die Nasenberührung mit Bewegung verbinden – das ist gar nicht so leicht. Deshalb reduzieren Sie bitte die Ansprüche an die Dauer, wenn Sie mit dieser Übung beginnen, und gehen Sie wieder in kleinen Schritten vor.

Wenn Sie mit zehn Katzen den selben Trick einüben, werden Sie zehn unterschiedliche Abläufe sehen. Das Grundprinzip bleibt dasselbe aber die Katzen unterscheiden sich in dem, was sie anbieten, in welchem Tempo sie es anbieten, wie schnell sie sich einen nächsten Schritt ausdenken, wie lange sie je Trainingseinheit trainieren mögen und so weiter. Ein guter Trainer berücksichtigt diese Unterschiede und fördert jede Katze individuell nach ihren Talenten und Möglichkeiten.

Benutzen Sie niemals den Targetstab, um die Katze damit in eine Situation zu führen, die ihr unangenehm ist oder sie ängstigt. Eine dem Targetstab folgende Katze ist unter Umständen so konzentriert auf die Übung, dass sie ihre Umgebung nicht bewusst wahrnimmt. Das kann nach C & B, wenn die Aufmerksamkeit wieder zur Umwelt geht, einen sehr großen Schreck geben. Tricktraining soll Spaß machen und Selbstvertrauen geben – Angst auslösende Reize haben hier nichts verloren.

Faramir lernt, anstelle des Targetstabs den Finger als Target zu berühren. Dafür wird der Targetstab langsam ausgeschlichen. (Fotos: Boumala)

Fingertarget

Die Katze berührt den ausgestreckten Finger mit der Nase. Sie bewegt sich zu diesem gestreckten Finger, wenn sie ihn sieht beziehungsweise folgt ihm, wenn der Finger sich bewegt.

AUFBAU

Variante 1

Das Fingertarget wird genauso aufgebaut wie der Targetstab. Sie clicken und belohnen die Annäherung an den Finger: Blicke, Strecken des Halses, Aufstehen, einen Schritt in Richtung Finger. Dabei beginnen Sie wieder auf der ganz einfachen Stufe, bei der Sie Ihren gestreckten Finger leicht seitlich so vor Ihre Katze bringen, dass sie nur den Kopf ganz leicht zu drehen braucht, um ihn mit dem Näschen zu berühren.

Falls Ihre Katze Schwierigkeiten mit Körperkontakt hat und zurückweicht, wenn Sie Ihre Hand so nah an ihren Kopf bringen, dann sollten Sie diese Übung auf keinen Fall zu Beginn des Tricktrainings machen. Belassen Sie es vorerst bei der Targetstabübung und verschaffen Sie der Katze zunächst mehr positive Erfahrungen mit Tricks, bei denen sie nicht gleich ihre Ängste überwinden muss.

Variante 2

Voraussetzung für die zweite Variante zum Trainieren des Fingertargets ist die Beherrschung der Targetstabübung. Wenn Ihre Katze den Targetstab zuverlässig mit der Nase berührt, einige Schritte auf ihn zu macht, um ihn zu berühren, oder sich am Targetstab einige Schritte führen lässt, können Sie den Targetstab „ausschleichen". Anstatt den Stab ganz am Ende anzufassen, rutschen Sie Stückchen für Stückchen mit Ihrer Hand am Stab hinunter in Richtung des Endes, das Ihre Katze berührt. Dabei strecken Sie den Zeigefinger am Stab entlang, sodass er auf die Spitze zeigt. Irgendwann ersetzt dann Ihre Fingerspitze das Ende des Targetstabs. Erwarten Sie nicht, dass Ihre Katze mit dem Fingertarget sofort genauso gut ist wie bereits mit dem Targetstab. Führen Sie sie nun wieder langsam durch die verschiedenen Schwierigkeitsstufen und bauen Sie diese Übung sorgfältig mit ihr auf.

(Foto: Nissen)

Erster Weg zum fertigen Trick: Shaping

Wissen Sie, was Sie beim Training mit dem Targetstab sowie dem Fingertarget und auch bereits im Clickerspiel mit Menschen bewältigt haben? Sie haben erfolgreich die erste Methode kennengelernt, mit der man mittels eines Clickers einen Trick beibringt: das Shaping.

So kommt der Trick in Form

Der Name Shaping stammt vom englischen Verb „to shape" ab, was „formen" bedeutet. Wir haben ein Ziel im Kopf und formen das Verhalten der Katze langsam und sanft in die richtige Richtung, bis sie schließlich unser Zielverhalten ausführt. Die Katze bestimmt, wie viele Zwischenschritte auf dem Weg zum Ziel liegen. Shaping erfordert, dass wir unsere Katze sehr genau beobachten, damit wir auch die kleinen, aber sehr wichtigen Bewegungen wahrnehmen. Das kann anfangs etwas anstrengend, weil ungewohnt, sein. Aber Sie werden nicht nur durch die Trainingsfortschritte Ihrer Katze belohnt, sondern auch dadurch, dass Sie Ihre Katze viel besser kennenlernen!

ZsaZsi winkt mit ihrer linken Pfote. Die Höhe der Pfote kann durch Shaping auf die gewünschte Position gebracht werden. (Foto: Nissen)

Falls es Ihnen schwerfällt, im Training die kleinen Bewegungen Ihrer Katze zu bemerken und mit C & B zu verstärken, spielen Sie möglichst oft das Clickerspiel mit einem Menschen, um mehr Routine zu bekommen. Auch die genaue Beobachtung Ihrer Katze im Alltag kann helfen, zum Beispiel beim Spielen und Fressen, aber auch beim ruhigen Kuscheln. Welche klitzekleinen Bewegungen zeigt Ihre Miez? Bewegt sich die Schwanzspitze? Dreht sich der Kopf ganz leicht? Spreizt sie die Schnurrhaare? Spannt sie ihren Körper an?

Einen Trick zu shapen hat viele Vorteile:

1. Die Katze muss nachdenken. Sie muss herausfinden, mit welcher Handlung sie uns zu C & B veranlasst. Sie wird auf diese Weise zu Kreativität animiert, probiert immer neue Dinge aus – und erlebt dabei lauter Erfolge.

Dies ist besonders für schüchterne, ängstliche und passive Katzen eine tolle Erfahrung.

2. Die Katze bestimmt das Tempo und darf selbst entscheiden, wie weit sie gehen will. Dies ist wichtig für Übungen, bei denen etwas Überwindung gefragt ist. Sie wird nie zu etwas gedrängt, sondern nur für den kleinsten Schritt in die richtige Richtung mit C & B in ihrer mutigen Annäherung bestärkt – denn auch ein winzig kleiner Schritt kann großen Mut erfordern!

3. Es gibt keinerlei körperlichen Zwang – auch keinen sanften. Die Katze wird niemals geschoben, gehoben, gesetzt, gedrängt, gestoßen oder fixiert. Sie handelt immer aus freien Stücken.

Als erste Tricks sollten Sie solche mit Requisiten auswählen, die Sie nach Beendigung des Trainings wegräumen. Es könnte sonst sein, dass Ihre Katze mit einer Übung fortfährt und frustriert wird, weil sie dafür nun kein C & B mehr erhält, zum Beispiel, wenn sie auf einen Stuhl springt, nachdem Sie genau dies zuvor mit ihr trainiert haben. Erfahrene Clickerkatzen lernen, dass bestimmte Verhaltensweisen und Tricks nur innerhalb einer Trainingseinheit beziehungsweise auf ein Signal hin die Gelegenheit für C & B bieten. Bis dahin dauertes aber noch ein bisschen!

Geh auf die Decke

Die Katze lernt bei dieser Übung, sich auf eine Decke zu setzen und dort entspannt zu warten, bis sie ein anderes Signal bekommt.

Wählen Sie für diese Übung eine Decke aus einem Material, das Ihre Katze gern mag, zum Beispiel ein Handtuch, ein Platzdeckchen, einen großen Korkuntersetzer oder eine gefaltete Fleecedecke. Damit Ihre Katze nicht durcheinander kommt, nehmen Sie bitte keine Decke, die für Ihre Katze immer zugänglich ist, sondern lieber eine ganz neue, die ausschließlich für diesen Trick verwendet wird. Die Größe sollte so gewählt sein, dass Ihre Katze bequem auf der Decke sitzen kann.

AUFBAU

Stufe 1

Begeben Sie sich mit Clicker, Leckerchen, der Decke und Ihrer Katze zu Ihrem Trainingsort. Nehmen Sie den Clicker schon im Stehen clickbereit in die Hand. Beobachten Sie Ihre Katze, während Sie die Decke auf den Boden legen. Die Wahrscheinlichkeit, dass Ihre Miez in diesem Augenblick neugierig die Decke anguckt, ist sehr hoch – dies ist der Moment für den ersten Click, dem natürlich wie immer sofort eine Belohnung folgt. Anders als Sie das bei der Arbeit mit dem Targetstab gemacht haben, lassen Sie die Decke ruhig liegen, während Ihre Katze die Belohnung frisst.

Wenn Ihre Katze sich noch in einiger Entfernung zur Decke befindet, verspüren Sie wahrscheinlich den Impuls, die Belohnung ein Stückchen näher an der Decke zu geben. Ihre

Katze soll ja schließlich Richtung Decke gehen. Bitte widerstehen Sie diesem Impuls. Legen Sie die Belohnung stattdessen direkt bei Ihrer Katze auf den Boden. So machen Sie es Ihrer Katze nämlich sehr leicht, sich möglichst schnell den nächsten Click zu verdienen: einfach dadurch, dass sie den Kopf nun wieder in Richtung Decke hebt.

Die erste Clickmöglichkeit beim Trainieren eines Tricks wird häufig verpasst: Es ist der Moment, wenn Sie das Trainingsobjekt auf den Boden stellen und Ihre Katze den ersten Blick darauf wirft. Allzu leicht ist man in diesem Augenblick noch nicht richtig bei der Sache. Wenn Sie eine gute und aufmerksame Trainerin sein wollen, dann testen und üben Sie die Handhabung aller Objekte, bevor Sie einen Trick das erste Mal mit Ihrer Katze trainieren wollen. Das Training beginnt, sobald Ihre Katze mit Ihnen den Trainingsort betritt. Der allererste Blick Ihrer Katze auf das Requisit ist der perfekte Moment, um ihr durch den Click mitzuteilen: „Genau, um dieses Ding geht es heute!"

Shaping auf die Decke: Annäherung, dann drei Pfötchen und schließlich ein vorbildlich auf der Decke sitzender Faramir. (Fotos: Boumala)

Das Tempo, mit dem Katzen sich einer neuen Decke nähern, ist sehr unterschiedlich. Manche Katzen ignorieren neue Objekte gern ein Weilchen, bevor sie sie erkunden. Vermutlich prüfen sie in dieser Zeit passiv, ob das komische Ding auch wirklich ungefährlich ist. In diesem Fall müssen Sie besonders gut beobachten, die kürzesten Blicke und die kleinsten Bewegungsansätze registrieren und mit dem Click markieren. Ignoriert Ihre Miez das Deckchen wirklich komplett? Dann bewegen Sie die Decke für einen kurzen Moment ganz leicht auf dem Boden, natürlich den Blick dabei auf Ihre Katze gerichtet. Die Bewegung wird sie neugierig machen, sie schaut kurz hin – C & B! Nach einigen Wiederholungen wird Ihre Katze beginnen, sich für die Decke zu interessieren. Dies kann aber durchaus auch erst in der zweiten oder dritten Trainingseinheit sein.

Andere Katzen gehen sofort neugierig auf das Deckchen zu. Wenn Ihre Katze das tut, clicken und belohnen Sie sofort. Geben Sie die Belohnung ganz leicht seitlich zur Laufrichtung Ihrer Miez. Der nächste Click erfolgt dann für das erneute Hinwenden zur Decke. Dann ein weiterer Schritt auf das Deckchen zu – C & B. Widerstehen Sie der Versuchung, den Click zurückzuhalten und zu gucken, ob Ihre forsch gen Decke schreitende Katze sich vielleicht direkt darauf setzt. Was machen Sie dann nämlich, wenn Ihre Katze plötzlich kurz vorher die Richtung ändert und sich von der Decke abwendet? Das wäre eine riesige verpasste Gelegenheit für viele Clicks gewesen. Deshalb: Gerade zu Beginn einer Übung halten Sie die Schritte bitte immer ganz klein und clicken und belohnen Sie Ihre Miez lieber häufiger. Je höher die Belohnungsfrequenz, desto mehr Spaß wird Ihre Katze an dem Trick haben und desto leichter fällt ihr das Lernen.

Die allerersten Tricks, die eine Katze beim Clickertraining lernt, prägen sich oft besonders gut ein und werden von der Katze gern gezeigt. Man sollte sie entsprechend mit Bedacht wählen. Neuere Forschungen haben darüber hinaus ergeben, dass Dinge, die mit dem Clicker gelernt werden, grundsätzlich besonders gut im Gedächtnis verankert werden.

Stufe 2

Wenn Ihre Katze sich der Decke angenähert und bereits verstanden hat, dass es mit diesem Ding irgendetwas auf sich hat, kommt die nächste Trainingsphase: das Betreten der Decke. Vielleicht riecht Ihre Miez zunächst an der Decke? Das gibt sofort C & B. Riecht Ihre Katze ein weiteres Mal, clicken Sie sie erneut dafür. Sie braucht anfangs noch besonders viel Bestätigung. Nach einigen Wiederholungen reagieren Sie nicht auf das Beriechen, sondern warten ab. Ihre Katze muss sich jetzt etwas Neues ausdenken, um sich einen Click zu verdienen: Pfötelt sie die

Decke ein klein wenig an? Dann gibt es C & B. Hebt sie eine Pfote darüber? C & B. Setzt sie ein Pfötchen auf die Decke? C & B.

Belohnen Sie einige Male, was Ihre Katze anbietet. Dann setzen Sie mit dem Click für diese Handlung aus und lassen Ihre Katze ausprobieren, mit welchem nächsten Schritt sie sich den nächsten Click verdienen kann. Irgendwann reicht folglich das eine Pfötchen auf der Decke nicht mehr – das zweite muss her. Wenn Sie Ihrer Katze die Belohnung direkt an Ort und Stelle geben, nachdem sie gerade das erste Mal beide Vorderpfoten auf die Decke gestellt hat, ist der nächste Schritt für Ihre Katze sehr schwer und sie weiß vielleicht nicht, was sie tun soll. Geben Sie die Belohnung deshalb direkt neben der Decke. Dann kann Ihre Miez gleich erneut zwei Pfoten draufstellen und erfolgreich sein. Klappt das nicht, senken Sie die Anforderungen und geben C & B für eine Pfote auf der Decke.

Stufe 3

Nach den zwei Pfoten auf der Decke bieten Katzen meist nicht die dritte Pfote an, sondern betreten die Decke gleich mit allen vier Pfoten. Clicken Sie sie trotzdem in dem Moment, wenn die dritte Pfote die Decke berührt. Es könnte nämlich passieren, dass Ihre Miez einfach darüberläuft – und Sie wollen sie auf keinen Fall in dem Augenblick clicken, wenn sie die Decke wieder verlässt! Belohnungen gibt es wieder neben der Decke, und den nächsten Click wieder, wenn Miez die Decke betritt. Wiederholen Sie diese Trainingsstufe so lange, bis Ihre Katze ohne Zögern immer wieder auf die Decke geht.

Stufe 4

Setzt Ihre Katze sich zu irgendeinem Zeitpunkt von ganz allein auf der Decke hin, clicken und belohnen Sie sie dafür. Stellt sie sich stattdessen immer zuverlässig auf die Decke, dann clicken Sie das nun mal nicht, sondern warten ab. Ihre Katze muss nun etwas Neues anbieten. Wahrscheinlich schaut sie Sie erwartungsvoll an – und setzt sich, während sie wartet, dass Sie endlich clicken und belohnen. Das tun Sie, sobald Ihre Katze in der Hinsetzbewegung ist. Die Belohnungen gibt es noch immer neben der Decke. Der aktuelle Stand der Übung ist jetzt: Auf die Decke gehen und sich hinsetzen bewirkt C & B. Vergessen Sie nicht, diesen Trick durch einige Wiederholungen zu festigen!

Mögliche Schritte auf dem Weg zum Ziel

- Blick zur Decke
- Bewegungsimpuls in Richtung Decke
- Schritte hin zur Decke
- Eventuell Riechen an der Decke
- Erste Pfote auf der Decke
- Zwei Pfoten auf der Decke
- Vier Pfoten auf der Decke
- Auf die Decke setzen
- Auf der Decke verweilen

Stufe 5

Im letzten Schritt kann Ihre Katze lernen, etwas länger auf der Decke zu verweilen und sich dadurch C & B zu verdienen. Bevor Sie damit beginnen, überlegen Sie bitte, wie viel Ausdauer Sie von Ihrer Katze erwarten können. Ist Ihre Katze sehr jung oder besonders agil? Dann sind zehn Sekunden still sitzen für sie eine Wahnsinnsleistung. Überfordern Sie Ihre Katze also nicht durch zu hohe Erwartungen und seien Sie geduldig.

Das neue Kriterium ist also die Sitzdauer. Diese steigern Sie in ebenso kleinen Schritten wie die Annäherung an die Decke. Clicken Sie Ihre Miez jetzt nicht mehr in genau dem Moment des Hinsetzens, sondern eine Sekunde später, wenn sie bereits sitzt. Achtung: Geben Sie ihr die Belohnung jetzt auf der Decke. Warten Sie ein bis zwei Sekunden. Ihre Katze sitzt noch immer? C & B auf der Decke. Wieder ein bis zwei Sekunden ruhiges Sitzen? Nochmals C & B. Ihre Katze lernt dabei, dass sie sich Leckerchen verdienen kann, wenn sie geduldig sitzen bleibt. Perfekt! Warten Sie jetzt vier Sekunden. Bleibt Ihre Katze ruhig sitzen, clicken Sie und geben die Belohnung neben der Decke. Auf diese Weise verlässt die Katze das Deckchen nicht, weil sie keine Lust mehr hat, sondern weil sie von Ihnen dazu animiert wird.

Falls Ihre Katze nicht abwartet, sondern die Decke verlässt, halten Sie sie keinesfalls auf und kommentieren Sie das auch nicht. Das ist nämlich überhaupt nicht schlimm – Ihre Katze lernt ja noch. Nutzen Sie die nächste Gelegenheit zu C & B, wenn Ihre Katze die Decke wieder betritt, wenn sie sich hinsetzt und wenn sie auf der Decke bleibt.

Erhöhen Sie sehr langsam in vielen Trainingseinheiten die Sitzdauer auf der Decke und vergessen Sie nicht, es zwischendurch immer mal wieder überraschend einfach zu machen. Das erhöht den Spaßfaktor für Ihre Katze.

Es ist nicht das Ziel der Übung, dass eine Katze stundenlang bewegungslos auf ihrem Deckchen sitzt. Wenn Sie diesen Trick gut trainieren, kann Ihre Katze gern mal ein paar Minuten auf ihrer Decke warten. Sie sollten Sie dann aber oft dafür belohnen, denn diese Übung verlangt Ihrer Katze unter Umständen größte Selbstbeherrschung ab. Zum Ausgleich spielen Sie vielleicht eine Runde mit ihr oder lassen einen bewegungsreicheren Trick folgen.

Variation

Trainieren Sie mit Ihrer Katze die Deckenübung an verschiedenen Orten. Das ist eine neue, gar nicht so leichte Lernleistung, denn die Katze muss generalisieren. Zu Beginn können Sie einfach die Decke immer ein paar Zentimeter verschieben, während Ihre Katze neben der Decke die Belohnung verspeist. Steigern Sie die Ortswechsel langsam! Legen Sie die Decke zum Beispiel mal auf den Teppich, mal auf den Holzfußboden. Erhöhen Sie nun langsam die Entfernung zur Katze. Wandern Sie mit der Decke durch den ganzen Raum. Nehmen Sie Ihre Katze und die Decke auf diese Weise mit in den nächsten Raum.

„Schau mir in die Augen, Kleines." Faramir hat mithilfe des Shapings gelernt, den Blickkontakt schon länger zu halten. Diese Übung leistet tolle Dienste im Umgang mit Katzen, die dem Menschen gegenüber eher scheu sind und direkten Blickkontakt schnell als bedrohlich empfinden. (Foto: Boumala)

Legen Sie ein dünnes Sitzkissen unter die Decke, das die Höhe verändert. Kein Problem? Dann legen Sie die Decke auf einen festen, niedrigen Karton, ein dickes Buch oder einen Koffer. Klappt das wie am Schnürchen, bauen Sie die Unterlagen schrittweise höher, bis nur noch der Rand der Decke zu sehen ist und die Katze daraufspringen muss. Stellen Sie dabei sicher, dass Ihr Aufbau rutsch- und standsicher ist.

Nach dem gleichen Prinzip können Sie alle anderen Tricks aufbauen, bei denen Ihre Katze sich komplett, aber vielleicht auch nur mit beiden Vorderpfoten auf einen Gegenstand stellen soll.

Für normale Trainingseinheiten benutzt man am besten Futterbelohnungen. Sie können Ihre Katze aber im Alltag mit kreativen Belohnungen überraschen und die Kommunikation mit ihr verbessern: Ihre Katze möchte von Ihnen auf den Balkon gelassen werden? Fragen Sie sie nach einem bereits einstudierten Trick, clicken Sie und öffnen Sie ihr als Belohnung die Tür.

Die wichtigsten Regeln des Shapings nach Karen Pryor

Karen Pryor hat bereits vor längerer Zeit die inzwischen fast berühmten „Laws of Shaping“, die Gesetze des Formens, formuliert, die hier in Ausschnitten und leicht veränderter Form passend für das Tricktraining mit Katzen wiedergegeben werden:

- Steigern Sie die Anforderungen in so kleinen Schritten, dass die Katze stets eine realistische Chance hat, erfolgreich zu sein und eine Bestärkung zu kommen.
- Üben Sie stets nur ein Verhaltensdetail, niemals zwei gleichzeitig.
- Lassen Sie bei der Einführung eines neuen Details zu einem Trick zu, dass Ihre Katze das bisher Gelernte vorübergehend schlechter ausführt.
- Seien Sie Ihrer Katze immer einen Schritt voraus: Planen Sie die Trainingsschritte sorgfältig, damit Sie wissen, was Sie als Nächstes von Ihrer Katze fordern wollen, auch wenn Ihre Katze Sie plötzlich mit einem größeren Fortschritt überrascht.
- Ihre Katze darf ruhig mit verschiedenen Menschen Tricktraining machen. Ein neuer Trick sollte aber immer nur mit einer einzigen Trainerin eingeübt werden, weil die unterschiedlich angelegten Kriterien für C & B Ihre Katze sonst verwirren können. Sitzt der Trick, kann er auch von anderen abgefragt werden.
- Bringt eine Übung keinen Erfolg, suchen Sie nach einem anderen Weg. Viele Wege führen nach Rom – vielleicht ist ein anderer für Ihre Katze angenehmer oder verständlicher.
- Unterbrechen Sie eine Trainingseinheit nicht einfach grundlos – Ihre Katze kann dies als Strafe empfinden, auch wenn Sie es gar nicht so meinen.
- Zeigt Ihre Katze den Trick in schlechterer Ausführung, gehen Sie noch mal ein paar Schritte zurück und shapen Sie sie erneut bis zum Zielverhalten. So helfen Sie Ihrer Katze, sich wieder zu erinnern und den Ablauf zu verstehen.
- Beenden Sie jedes Tricktraining mit einem Erfolgserlebnis für Ihre Katze. Zudem sollten Sie die Übungseinheit beenden, solange Sie als Trainerin noch einen Schritt voraus sind.

(Foto: Nissen)

Zweiter Weg zum fertigen Trick:

Hilfestellung durch Target oder Leckerli

Einen Trick durch Shaping zu erarbeiten ist unter anderem deshalb so toll, weil die Katze dabei nachdenken und ausprobieren muss. Häufig können wir für das Shaping das natürliche Erkundungsverhalten unserer Katzen nutzen. Bei bestimmten Tricks kann das Shaping allerdings auch sehr anstrengend und sogar verwirrend für die Katze sein, und Target oder Leckerli leisten bessere Hilfe.

Männchen

Für diesen Trick brauchen wir ein Verhalten, für dessen Ausführung aus Katzensicht in der Trainingssituation und ohne bestimmten Anreiz kein Anlass besteht. Das freie Balancieren auf den Hinterbeinen ohne Abstützen der Vorderpfoten zeigt eine Katze in zwei Situationen: einerseits zur Erkundung eines unübersichtlichen Gebiets, zum Beispiel im hohen Gras, andererseits zum Erreichen eines Beuteobjekts in größerer Höhe mit den Vorderpfoten.

Würde man versuchen, diesen Trick zu shapen, würde man mit einer sitzenden Katze beginnen und jedes Anheben des Kopfes, jede Aufrichtung der Schultern und des Nackens clicken und belohnen. Klingt mühselig, für die Katze schwierig zu verstehen und mit langen Wartepausen verbunden – und so ist es auch.

Um der Katze Männchen mit viel Freude und ohne Frust beizubringen, weichen wir deshalb für einzelne Momente von dem Clickergrundsatz ab, die Katze nicht zu locken.

AUFBAU

Halten Sie Ihren Clicker bereit und nehmen Sie für Ihre Katze sichtbar ein Leckerchen in die Hand. Halten Sie dieses Leckerchen zwischen Daumen und Mittelfinger, während Sie Ihren Zeigefinger nach oben strecken. Vielleicht kennen Sie diese Handhaltung als Signal für Sitz bei Hunden – ich nehme es gern als Männchensignal. Nun führen Sie die Leckerchenhand vor Ihrer Katze nach oben, bis sie etwa ein bis zwei Handbreit über dem Kopf Ihrer Katze schwebt. Ihre Katze begleitet diese Bewegung mit den Augen? Das gibt natürlich sofort C & B – nur kommt die Belohnung aus der anderen Hand! Wenn Ihre Katze aufgegessen hat, wiederholen Sie nun diesen Ablauf. Führen Sie die Leckerlihand vor Ihrer Katze nach oben. Bemerken Sie Bewegungsansätze nach oben, dann können Sie diese clicken und belohnen: Kopf strecken, eine Pfote vom Fußboden heben, eine Pfote nach oben strecken, Männchen machen.

> Animieren Sie Ihre Katze nur dann durch Leckerchen dazu, Ansätze für eine bestimmte Körperposition oder eine bestimmte Handlung zu zeigen, wenn Sie wissen, dass Ihre Katze sanft mit Ihnen umgeht. Neigt sie dazu, heftig nach Futter zu schlagen, dann streichen Sie diese Idee vorerst. Sie sollen beim Tricktraining nicht verletzt werden, und Ihre Katze soll sich auch nicht durch rohe Gewalt Leckereien verdienen können. Wählen Sie stattdessen Variation 1 mit Targetstab oder Fingertarget.

Das Leckerchen in Ihrer Hand animiert Ihre Katze in der Regel dazu, Ihnen Verhaltensweisen anzubieten, die Sie auf dem Weg zum Ziel clicken können. Sie verdient sich also ganz schnell viele Clicks und findet Gefallen an der Übung. Sie lernt, dass die Hand über ihrem Kopf die Gelegenheit für C & B bietet. Nach wenigen Wiederholungen können Sie dazu übergehen, nur Ihre Hand mit der gleichen Fingerhaltung zu positionieren – ohne Leckerchen darin. Ihre Katze wird trotzdem fortfahren, Handlungen in Richtung Hand anzubieten, sodass Sie sie ins Männchen shapen können.

Wenn Sie mit der immer gleichen Handhaltung trainieren, dann hat das einen netten Nebeneffekt: Ihre Katze lernt so automatisch ein Handsignal für diesen Trick kennen.

Variation 1

Kennt Ihre Katze schon den Targetstab oder das Fingertarget, können Sie auch diese benutzen, um ihr die Männchenposition zu zeigen. Halten Sie den Targetstab dafür nicht mehr auf normaler Katzenhöhe, sondern nah beim Katzenkopf etwas höher, und clicken Sie dafür, dass Ihre Katze sich gen Stab nach oben streckt. Steigern Sie dies in kleinen Schritten, bis Ihre Miez schließlich beide Vorderpfoten hebt und sich auf die Hinterbeine setzt, um den Stab zu berühren. Sollte Ihre Katze mit einer Pfote nach dem Targetstab hangeln, der über ihrem Köpfchen schwebt, dann zeigt sie damit ein typisches Katzenverhalten. Ignorieren Sie es einfach und clicken den nächsten Bewegungsansatz von Kopf oder Körper Ihrer Katze nach oben.

Lütti zeigt ein toll ausbalanciertes Hochmännchen. (Foto: Nissen)

Trainieren Sie die Variation einer Übung immer erst, wenn Ihre Katze den Grundtrick schon längere Zeit sicher beherrscht. Es besteht sonst die Gefahr, dass die Ähnlichkeit der Tricks die Katze verwirrt und für Frust sorgt.

Variation 2

Eine schwierige Variation der Übung Männchen ist, dass die Katze nicht auf den Hinterbeinen sitzt, sondern sich auf die Hinterpfoten stellt. Dies erfordert mehr Kraft und vor allem sehr viel Gleichgewicht und Körpergefühl.

Ein solches Hochmännchen können Sie shapen, wenn Sie Ihre Katze sehr genau beobachten: Wenn sie wieder das normale Männchen macht, lassen Sie den Click weg. Ihre Katze wird etwas irritiert sein, denn das hat doch sonst auch geklappt. Sie wird vermutlich das Männchen wiederholen und dabei die Bewegung etwas intensivieren. Sobald etwas mehr Aufrichtung nach oben dabei ist: C & B. Achten Sie darauf, dass Sie die Messlatte dabei niedrig anlegen und Ihrer Katze viele Erfolge verschaffen – sonst besteht die Gefahr, dass sie den Spaß am Männchentrick verliert.

Alternativ können Sie Ihre Katze auch zum Hochmännchen durch wenige Wiederholungen mit einer Leckerei oder dem Targetstab animieren. Bringen Sie Ihre Miez ins Männchen. Dann führen Sie eine Leckerei über dem Kopf Ihrer Katze ein Stückchen nach oben. Ihre Katze wird sich nun strecken, um dem Leckerchen näher zu kommen – dafür gibt es sofort C & B aus der anderen Hand. Wenn Sie für dieses erneute Locken eine etwas andere Handposition nehmen, zum Beispiel Leckerchen zwischen Daumen, Mittel- und Ringfinger, während Sie Zeigefinger und kleinen Finger hochstrecken, lernt Ihre Miez ein zweites Signal. Männchen und Hochmännchen werden so zwei verschiedene Übungen.

Birne macht sogar auf dem Rücken seiner Halterin Männchen. Im Eifer des Gefechts streckt er sich etwas zu sehr nach der Signalhand (nicht im Bild). (Foto: Nissen)

Sprung über eine Hürde

Die Katze springt über ein Hindernis. Bauen Sie dazu aus Pappe eine kleine Hürde oder befestigen Sie zum Beispiel ein Brett so, dass Ihre Katze darüberspringen kann. Die Hürde sollte etwa Schulter- bis Rückenhöhe Ihrer Katze haben. So ist sie etwas zu hoch, als dass Ihre Katze einfach gemütlich darübergehen kann; gleichzeitig kann Ihre Katze aber sehen, was sich auf der anderen Seite befindet. Die Hürde sollte anfangs mindestens 50 bis 60 Zentimeter breit sein – sonst ist die Versuchung des Vorbeilaufens groß. Hilfreich ist es auch, wenn sie an mindestens einer Seite durch ein Möbelstück oder eine Wand begrenzt wird. Außerdem sollte die Hürde mehr oder weniger bis zum Boden reichen, sodass Ihre Katze nicht unter ihr hindurchgehen kann.

Auf jeden Fall muss die Hürde standfest und stabil sein, auch wenn die Katze darauftreten sollte. Verletzungsgefahr und Erschrecken durch laut umfallende Gegenstände müssen ausgeschlossen sein.

Faramir lernt mithilfe des Targetstabs, eine neue Hürde zu überwinden. (Foto: Boumala)

Eine schöne Alternative zu einem Sprung über einen Gegenstand ist ein Sprung über Ihre lang ausgestreckten und übereinandergelegten Beine. Wenn Sie Ihre Füße dabei gegen eine Kommode oder ein Sofa stemmen, ist die Position für Sie ohne große Muskelspannung zu bewerkstelligen und Sie können auch ganz leicht die Höhe Ihrer Beinhürde variieren.

Sprünge über das Bein können genauso aufgebaut werden wie Hürdensprünge. Anfangs zögert Eazy noch und bekommt Click und Belohnung für den Ansatz, seine Pfötchen auf das Bein zu stellen. Dann überwindet er sich und meistert den Beinsprung schließlich sogar durch den Reifen. (Fotos: Nissen)

AUFBAU

Der Sprung über eine Hürde könnte natürlich geshapt werden. Mögliche Zwischenschritte für C & B wären: Blick der Katze zur Hürde, Annäherung an die Hürde, Nase dran, drübergucken, mit Pfötchen anstupsen, hochstrecken, um noch besser auf die andere Seite gucken zu können, vorlehnen, eine Pfote auf die Hürde, zwei Pfoten auf die Hürde, Sprung.

Es spricht aber nichts dagegen, Ihrer Katze für das allererste Trickhindernis den Start etwas leichter zu machen, indem man ihr buchstäblich auf die Sprünge hilft: Dafür können Sie entweder Fingertarget/Targetstab benutzen oder auch einige wenige Male mit Futter locken. Ich beschreibe den Übungsaufbau mit einer kurzen Lockhilfe:

Setzen Sie sich seitlich neben die Hürde. Nehmen Sie ein Leckerchen in die Hand, zeigen Sie es Ihrer Katze und führen Sie es entlang der Lauf- und Sprungbahn vor Ihrer Katze über die Hürde. Strecken Sie dabei Ihren Zeigefinger wie für das Fingertarget. Zusätzlich können Sie dort, wo die Katze landen soll, ein- oder zweimal mit dem Finger auf den Boden klopfen. Ihre Katze folgt Finger und Leckerli über die Hürde? Clicken Sie genau im Moment des Sprungs und geben Sie ihr die Belohnung. Wiederholen Sie diesen Ablauf und führen Sie Ihre Katze mit der gleichen Haltung der Leckerlihand und einem Klopfen auf die andere Seite der Hürde. Klappt das recht flüssig, wiederholen Sie das Locken noch zwei- oder dreimal, aber geben Sie als Belohnung nicht das Lockleckerli, sondern eines aus der anderen Hand. Dann führen Sie nur noch die Handbewegung aus, ohne eine Leckerei in der Hand zu halten. Ihre Katze lernt auf diese Weise ganz fix, dass es sich lohnt, auf Ihr Handsignal hin über die Hürde zu springen.

Das beschriebene Signal für den Sprung über die Hürde besteht aus einer optischen und einer akustischen Komponente. Die Katze sieht Ihren über/hinter die Hürde deutenden Finger und sie hört das Klopfen dahinter. Wenn Sie das häufig genug trainieren, werden beide Signalkomponenten auch allein für die Katze verständlich sein. Wenn Sie ein Klopfen hinter einer Hürde hört, weiß sie dann, dass dies eine Gelegenheit ist, sich mit einem Sprung hinüber C & B zu verdienen.

Wenn man der Katze durch ein Target oder durch Locken eine Hilfestellung auf dem Weg zum Trick gibt, kann und sollte man dies direkt dafür nutzen, ein Handsignal für diesen Trick aufzubauen. Für alle anderen Trainingsweisen gilt beim Clickern: Das Signal kommt ganz zum Schluss, nämlich dann, wenn die Katze die Übung hundertprozentig verstanden hat. Sie brauchen sich also bei allen Tricks, die Sie Ihrer Katze beibringen, noch keine Gedanken über Handsignale zu machen. Darum kümmern wir uns später.

(Foto: Nissen)

Dritter Weg zum fertigen Trick: Capturing

Neben dem traditionellen Weg zum Trick, dem Shaping, und dem „Schummeln" mit Targetstab oder Locken gibt es noch eine dritte Möglichkeit, einer Katze einen Trick beizubringen: das sogenannte Capturing. Das englische „to capture" bedeutet einfangen.

Sie können also mit dem Clicker Verhaltensweisen Ihrer Katze, die Sie gern in Ihr Trickrepertoire aufnehmen möchten, einfangen, wenn Ihre Katze diese spontan zeigt – innerhalb, aber vor allem auch außerhalb einer Trainingseinheit.

Verhalten einfangen – allzeit bereit

Das Capturing bietet sich vor allem für solche Tricks an, bei denen das Shaping besonders schwierig und langwierig wäre, und für alle natürlichen Verhaltensweisen und Bewegungen, die die Katze als Teil ihres Spiel- oder Komfortverhaltens zeigt.

Capturing setzt voraus, dass Sie selbst allzeit bereit sind – und zwar clickbereit. Wie auch in einer „normalen" Trainingseinheit ist es beim Capturing entscheidend, dass Sie im richtigen Moment clicken, und das ist genau der Augenblick, in dem die Katze das gewünschte Verhalten zeigt. Wenn Ihre Katze das Verhalten schon beendet hat, ist es zu spät für den Click! Nicht ganz so dramatisch ist es, wenn Sie für die Präsentation der Belohnung eine Sekunde länger brauchen. Eine Belohnung muss aber unbedingt und möglichst schnell folgen. Gewöhnen Sie sich an, einen Clicker und eine kleine Dose mit Belohnungen in der Hosentasche zu haben (wenn Sie den Zungenclick benutzen, sind Sie beim Capturing organisatorisch klar im Vorteil). Sie könnten auch mehrere Clicker und Belohnungsdöschen an verschiedenen Stellen in der Wohnung platzieren, sodass sie immer griffbereit sind. Dann können Sie ganz wunderbar eine ganze Reihe von Tricks einfangen. Damit dieses spontane Verhalten Ihrer Katze zu einem abrufbaren Trick werden kann, müssen Sie ihr ein Signal für das Verhalten beibringen.

„Wo bist du, Eazy?" – „Miau!" Ein Miau auf Signal ist für Freigängerkatzen eine möglicherweise lebensrettende Übung, die durch Capturing gelernt werden kann. (Foto: Nissen)

Signale

Wir geben beim Clickern weder Kommandos noch Befehle. Stattdessen geben wir der Katze Signale, die ihr vermitteln: „Du hast hiermit die Gelegenheit, dir durch ein bestimmtes Verhalten C & B zu verdienen."

Die Einführung eines Signals setzt voraus, dass die Katze den Trick bereits kennt und das dazugehörige Verhalten flüssig ausführt. Das ist nach einem erfolgreichen Shaping und nach einer gewissen Anzahl von Wiederholungen der Fall, wobei es je nach Katze und je nach Trick Unterschiede gibt.

Auch beim Capturing warten wir mit der Signaleinführung normalerweise, bis die Katze die Übung ganz offensichtlich kapiert hat: Wenn Sie ein erwünschtes Verhalten häufiger mit dem Clicker einfangen, wird Ihre Katze dieses Verhalten in Ihrer Gegenwart bald spürbar öfter zeigen. Wenn Sie merken, dass diese Gelegenheiten für C & B sich häufen und Ihre Katze ganz offensichtlich das Verhalten als Trick verstanden hat, ist es an der Zeit, ein Signal einzuführen.

Beobachten Sie Ihre Katze nun so genau wie möglich: Woran können Sie erkennen, dass Ihre Katze im Begriff ist, das einzufangende Verhalten im nächsten Moment auszuführen? Das Signal geben Sie unmittelbar bevor Ihre Katze die entscheidende Bewegung ausführt. Dann clicken Sie Ihre Katze in der Bewegung und belohnen Sie anschließend.

Die zeitliche Reihenfolge ist also: Signal – Verhalten und gleichzeitiger Click – Belohnung. Zwischen den einzelnen Komponenten sollte nach Möglichkeit nicht einmal eine Sekunde liegen. Das ist für uns Menschen gar nicht so leicht.

Das gewünschte Verhalten ist für die Katze ab jetzt nur noch dann von Erfolg, also von C & B, gekrönt, wenn zuvor das Signal gegeben wurde. Es wird für Ihre Katze sehr frustrierend sein, wenn ein Verhalten plötzlich nicht mehr „funktioniert", Ihnen also weder Click noch Belohnung entlockt. Geben Sie ihr deshalb möglichst viele Gelegenheiten, sich im Anschluss an das Signal durch das Trickverhalten C & B zu verdienen. Damit Ihre Katze die Verknüpfung von Signal und Verhalten wirklich verstehen und verinnerlichen kann, braucht es in der Regel viele Wiederholungen.

Was ist ein gutes Signal?

Katzen reagieren in der Regel besser auf körpersprachliche Signale als auf Wortsignale. Dies liegt wahrscheinlich nicht zuletzt daran, dass wir Menschen häufig den halben Tag reden und es für die Katze nicht sehr leicht ist, die relevanten Momente herauszufiltern. Aber auch Katzen untereinander verständigen sich stärker über Körper- als über Lautsprache. Ich arbeite deshalb lieber mit körpersprachlichen Signalen, insbesondere mit Handsignalen. Diese können allerdings problemlos von Anfang an gleichzeitig mit dem Wortsignal gekoppelt werden.

Ob Hand- oder Wortsignal: Wichtig ist, dass das Signal für Sie jederzeit auf die immer gleiche Weise wiederholbar ist. Es darf nicht im normalen Alltag ohne Gelegenheit zu C & B vorkommen, weil es sonst die Katze verwirrt. Bei Wortsignalen bietet es sich deshalb an, Wörter aus anderen Sprachen zu benutzen.

Warum klappt es nicht?

Wenn eine Katze auf ein Signal nicht reagiert, dann tut sie das nicht, um Sie zu ärgern. Sie ist weder bockig noch stur. Dies sind die drei häufigsten Ursachen dafür, dass eine Katze nicht auf ein Signal reagiert:

1. Ihre Katze hat das Signal noch nicht richtig mit einer Handlung verknüpft – sie versteht es also noch gar nicht. Das könnte an einer zu niedrigen Zahl von Wiederholungen liegen, aber auch an einem schlechten Timing bei der Signaleinführung. Wie ein Trick selbst muss auch das Signal generalisiert werden, das heißt, die Katze muss lernen, dass es an verschiedenen Orten gültig ist.

2. Die Katze ist gerade abgelenkt oder kann sich nicht konzentrieren, weil es draußen unruhig ist, die Mitkatze sie subtil durch Anstarren bedroht, das Telefon klingelt oder sie zu großen Hunger hat. Es gibt (lebens-)wichtigere Dinge als ein Tricksignal. Schaffen Sie deshalb ein ruhiges und entspanntes Trainingsumfeld und versuchen Sie es dann erneut.

3. Ihre Katze ist nicht motiviert genug. Ist sie wach und gesund und nicht schon von irgendwelchen anderen Aktivitäten erschöpft? Sind die Belohnungen wirklich adäquat für die Leistung, die Ihre Katze erbringt? Diese Frage kann allerdings nur Ihre Katze beantworten. Fragen Sie sie doch mal, indem Sie ihr eine attraktivere Belohnung anbieten.

Rolle

Die Katze legt sich hin und rollt sich einmal von einer Seite auf die andere.

AUFBAU

Eine Rolle zu shapen ist möglich, aber nicht ganz einfach. Es setzt voraus, dass die Katze im Training bereits liegt und sich im Liegen noch bewegt. Die am ehesten angebotene Bewegung aus dem Liegen heraus ist in einer Trainingssituation allerdings das Aufstehen, das man ja gerade nicht clicken darf. Das Shaping einer Rolle würde ich deshalb nur sehr routinierten Trainerinnen empfehlen. Denkbar wäre es, eine liegende Katze durch das Locken mit einem Leckerli, das man über ihre Schulter führt, in die Rollbewegung zu führen und sie in dieser dann zu clicken. Diese Trainingsbeschreibung findet man recht häufig. Die Umsetzung ist allerdings recht schwierig und die Gefahr, dass die Katze die Vorderpfoten einsetzt, um die Leckerlihand (erfolgreich und wahrscheinlich mindestens leicht schmerzhaft) zu fangen, ist groß.

Stufe 1

Viel eleganter und für alle Beteiligten einfacher, schneller und klarer können Sie die Rolle als Trick einfangen. Beobachten Sie Ihre Katze aufmerksam im Alltag. Es gibt verschiedene typische Situationen, in denen sich Katzen auf dem Boden rollen: als Spielaufforderung oder im Spiel selbst, als Aufforderung zum Streicheln, beim Reiben und Wälzen in einem angenehmen oder spannenden Duft. Nutzen Sie den Moment und clicken

Plato rollt sich für Click und Belohnung von der linken auf die rechte Seite. Die Rolle von rechts nach links wäre aus seiner Sicht ein anderer Trick. (Fotos: Boumala)

Sie, wenn Ihre Katze die Rollbewegung von einer Seite auf die andere ausführt. Ihre Miez ist wahrscheinlich recht überrascht, dass es außerhalb einer Trainingssession C & B gibt. Sie wird aber bald feststellen, dass dies häufiger passiert, während sie sich gerade über den Boden kugelt. Und daraufhin werden Sie bald feststellen, dass Ihre Katze beginnt, sich häufiger in Ihrer Gegenwart auf dem Boden herumzurollen – was Sie so oft wie nur möglich mit C & B quittieren.

Stufe 2

Wenn Sie sicher sind, dass Ihre Katze die Rollen schon absichtlich anbietet, können Sie mit der Einführung eines Signals beginnen. Dafür brauchen Sie eine gute Beobachtungsgabe, um die Anzeichen zu erkennen, bevor Ihre Katze gleich eine Rolle machen wird (Anziehen des oberen Vorderbeins, leichte Kopfdrehung, aber auch „irrer“ Blick bei einer Spielaufforderung). Unmittelbar vor der Rolle geben Sie das Signal, clicken für die Rolle und belohnen direkt danach. Wiederholen Sie diese Abfolge einige Male: Rollsignal, Rolle & Click, Belohnung. Dann setzen Sie das Signal einmal aus, wenn Sie die Rollanzeichen sehen, und lassen Ihre Katze rollen. Diesmal bekommt sie keinen Click dafür – ab jetzt kann sich Ihre Katze mit einer Rolle nur noch dann C & B verdienen, wenn Sie vorher das entsprechende Signal gegeben haben.

Das ist ein großer Lernschritt für Ihre Katze. Wenn nämlich plötzlich kein Click auf die Rolle folgt, ist das für Ihre Katze überraschend und frustrierend. Da sie unbedingt weiterhin Erfolgserlebnisse braucht, nutzen Sie bitte weiterhin die „spontanen Rollangebote“ Ihrer Katze, verknüpfen diese immer wieder mit dem Signal und geben Ihrer Miez viele Gelegenheiten, sich nach dem Rollsignal mit der Rolle C & B zu verdienen. Lassen Sie dabei eher

Handsignal für Rolle

Es gibt keine festen Regeln, welches Signal für welchen Trick oder welche Übung benutzt wird. Ihre Katze wird kein Handsignal automatisch verstehen, sondern jedes Signal erhält seine Bedeutung erst dadurch, dass wir es verlässlich zum richtigen Zeitpunkt einführen und damit der Katze ermöglichen, es mit einem lohnenswerten Verhalten zu verknüpfen.

Ich möchte Ihnen deshalb kein festes Handsignal für die Rolle vorgeben – denken Sie sich ruhig selbst eines aus. Es sollte natürlich für Ihre Katze klar von anderen Handsignalen zu unterscheiden sein. Und nachdem Sie es das erste Mal im Training einsetzen, sollten Sie es nicht mehr ändern, auch nicht in Nuancen – sonst machen Sie es Ihrer Katze unnötig schwer.

Auf das Faustsignal hin schleckt Faramir über seine rechte Pfote. (Foto: Boumala)

vereinzelt das Signal und dann auch C & B aus. Auf diese Weise kann die Katze langsam lernen, dass es ein relevantes Signal für Rolle gibt, das eine Belohnungsmöglichkeit ankündigt. So behält sie den Spaß an dieser Übung.

Schließlich übertragen Sie das Signal in ein normales Tricktraining. Geben Sie das Signal für Rolle – und warten Sie etwas ab. Ihre Katze muss jetzt eine unglaubliche Übertragungsarbeit leisten, und das könnte einen kleinen Moment dauern. Wenn sie das Signal verstanden hat, wird sie jetzt eine Rolle machen. Falls sie keine ganze Rolle, aber Ansätze zeigt, dann clicken und belohnen Sie sie bitte auch dafür! Ihre Katze hat dann schon die Idee, worum es Ihnen geht, ist sich ihrer Sache aber noch nicht ganz sicher. Sie können die Rolle dann in der Trainingssituation etwas „nachshapen“ und später weiterhin spontan angebotene Rollen mit dem Signal versehen und clicken.

Putz

Die Katze schleckt sich mit der Zunge einmal über das gestreckte Vorderbein.

AUFBAU

Beobachten Sie Ihre Katze, wenn sie sich putzt, und passen Sie den Moment ab, in dem sie ein Vorderbein hebt und mit der Zunge darüberschleckt (dies tut sie in der Regel, um dann mit dem Beinchen seitlich über den Kopf zu streichen). Im Augenblick des Schleckens müssen C & B erfolgen. Wiederholen Sie dies regelmäßig, wenn Ihre Katze beim Putzen diese Bewegung ausführt.

Nach einiger Zeit wird Ihre Katze Ihnen diese Putzbewegung häufiger anbieten. Zu diesem Zeitpunkt können Sie dann ein Signal für Putz einführen, indem Sie es zeigen, unmittelbar bevor Ihre Katze zum Lecken ansetzt.

Schließlich geben Sie nach einigen Durchläufen Ihrer Katze das Signal Putz in einer normalen Clickertrainingseinheit, wenn sie also gerade nicht mit Körperpflege beschäftigt ist. Wenn Ihre Katze das Signal schon mit ihrer Handlung verknüpft hat, wird sie Ihnen ein wunderschönes Putz anbieten. Falls das noch nicht klappt, hat Ihre Katze den Zusammenhang noch nicht richtig verstanden und braucht mehr Wiederholungen aus dem Putzen heraus.

Achtung: Falls Ihre Katze sich exzessiv leckt, sich Haare ausrupft oder häufig kurzes Putzen als Übersprunghandlung unter Anspannung zeigt, dann lassen Sie diesen Trick bitte unbedingt aus. Häufiges hektisches Putzen oder übertrieben langes Putzen bis zum Entstehen von kahlen Stellen sind ernst zu nehmende Hinweise auf verschiedene Erkrankungen und/oder starken Stress – dann besteht sofortiger Handlungsbedarf!

101 Dinge, die man mit ... machen kann!

Dies ist eine der wenigen Übungen, bei der Sie als Trainerin kein fest geplantes Ziel verfolgen. Im Gegenteil: Ihre Katze soll mit dem jeweiligen Trainingsutensil möglichst viele verschiedene Dinge anbieten. Das eigentliche Trainingsziel liegt eine Ebene höher: Durch die 101-Dinge-Übung wird die Katze dazu ermutigt, aktiv Handlungen anzubieten und kreativ zu sein.

Klassischerweise starten Sie diese Übung mit der 101-Dinge-Kiste, einem Pappkarton. Vielleicht nehmen Sie einen, der Griffe zum Tragen hat? Sie können den Karton zum Beispiel so hinstellen, dass die Deckelklappen auf dem Boden nach außen zeigen; die Öffnung des Kartons zeigt also nach unten. Da die Katze vielleicht auf den Karton springt, sollte er einigermaßen stabil sein. Ein anderes Mal können Sie denselben Karton mit der Öffnung zur Seite oder nach oben aufstellen.

Aber auch viele andere Objekte sind geeignet für das Kreativitätstraining: Taschen und Rucksäcke sind toll mit ihren verschiedenen Riemen, Deckeln, Reißverschlüssen. Auch mit einem Stiefel oder Wanderschuh lassen sich viele Dinge machen. Eine etwas zusammengeknüllte Stoffeinkaufstasche oder ein großes Kuscheltier laden zu zahlreichen Aktivitäten ein. Für den Anfang ein wichtiges Kriterium: Der Gegenstand sollte für Ihre Katze kein vertrauter Alltagsgegenstand sein.

Sie werden bald beginnen, mit ganz anderen Augen durch Ihre Wohnung zu gehen und sämtliche Gegenstände auf Clickertauglichkeit zu prüfen – nicht nur unsere Katzen werden durch diese Übung zu Kreativität angeregt.

AUFBAU

Ich beschreibe Ihnen den Ablauf der 101-Dinge-Übung sinngemäß am Beispiel einer Umhängetasche.

Diese Übung eignet sich besonders gut für eher passive Katzen und für Situationen, in denen sich mal der Wurm ins Training eingeschlichen hat. In beiden Fällen verhelfen leichte und schnelle Erfolge zu neuer Motivation für alle Beteiligten.

Zunächst starten Sie nun wie bei den vorherigen Übungen auch: Seien Sie mit der Aufmerksamkeit schon bei Ihrer Katze, wenn Sie, mit Clicker und Leckerli ausgestattet, die Tasche in die Nähe Ihrer Katze stellen. So können Sie gleich den ersten Blick Ihrer Miez zur Tasche clicken. Ab dann clicken Sie alles – und ich meine alles –, was Ihre Katze auch nur im Entferntesten in Richtung Tasche oder mit der Tasche zeigt. Zum Start sind das Verhaltensweisen, die zur Annäherung gehören: Blicke, Drehungen mit dem Kopf, Köpfchen vorstrecken, Aufstehen, Bewegungsansätze, einzelne Schritte in die grobe Richtung, mehrere Schritte … Es macht gar nichts, wenn Sie zufällige Annäherungen an die Tasche clicken. Durch die Clicks geben Sie Ihrer Katze ja überhaupt erst die Information, dass Handlungen rund um die Tasche sich lohnen.

Bleibt Ihre Katze sehr passiv, dann geben Sie die Leckerei nach einem Click für einen Blick ein paar Katzenschritte entfernt, sodass sie dafür aufstehen muss. Wenn Miez erst einmal steht, fällt ihr der nächste Schritt viel leichter. Dies gilt übrigens genau so für andere Tricks.

Ist Ihre Katze bei der Tasche angekommen, dann können Sie sie clicken und belohnen für: Kopf nah an die Tasche strecken, Kopf nah an den Gurt strecken, Riechen an der einen Taschenseite, Riechen an der anderen Taschenseite, Pföteln am Reißverschluss, linke Pfote vorn auf die Tasche, linke Pfote etwas weiter in der Taschenmitte, linke Pfote ganz links hinten auf die Tasche, linke Pfote unter die Tasche schieben (Gleiches gilt natürlich für die rechte Pfote), komplett auf die Tasche draufstellen, Vorderpfoten auf die Tasche stellen, das Gleiche aus der anderen Richtung, hinkauern und in die Tasche gucken, eine Pfote in die Tasche schieben, Kopf in die Tasche stecken, ganz in die Tasche krabbeln, aus der Tasche hervorkrabbeln, sich links neben die Tasche setzen, rechts neben die Tasche setzen, eine Pfote auf oder unter den Gurt legen, am Gurt ziehen, am anderen Reißverschluss riechen, das Köpfchen an der vorderen Ecke reiben, das Köpfchen an der hinteren Ecke reiben – ich glaube, Sie wissen, was ich meine?

Clicken Sie jedes Verhalten, das Ihre Katze spontan zeigt. Clicken Sie das gleiche Verhalten maximal zweimal direkt hintereinander – Ihre Katze soll ja gerade verschiedene

101 Dinge, die man mit einer Tasche machen kann: linke Pfote drauf, rechte Pfote drauf, beide Pfoten drauf, eine Pfote drauf und eine drüber,

eine Pfote drüberhalten, mit beiden Vorderpfoten draufstehen und in der Mitte der Tasche riechen, daraufsitzen … (Fotos: Nissen)

Verhaltensweisen anbieten. Verwenden Sie das Wort „verschieden“ dabei bitte in einem ganz einfachen, aber sehr aufmerksamen Sinn: Die Pfote zwei Zentimeter weiter auf einem Gegenstand zu platzieren ist eben nicht genau das Gleiche wie vorher. Clicken und belohnen Sie in diesem Fall die Pfötelvariationen. Die linke statt der rechten Pfote zu benutzen ist ebenfalls eine komplett andere Sache. Die verschiedenen Seiten eines Objekts haben aus Sicht einer Katze ganz unterschiedlichen strategischen Wert (Tarnungs- und Sicherheitsaspekte). Sitzen vor oder hinter der Tasche sind folglich unterschiedliche Taten und damit clickwürdig. Auf diese Weise hat Ihre Katze bald raus, dass es diesmal nicht darum geht, immer das Gleiche zu machen, sondern zu variieren.

Fällt Ihrer Katze einmal nicht so viel ein oder ist diese Übung für Sie beide neu, clicken Sie sie bitte im Zweifelsfall auch erneut für ein Verhalten, das sie schon vorher gezeigt hat. So vermeiden Sie, dass die Zeit zwischen zwei Clicks zu lang wird und Frustration entsteht. Geben Sie ihr Zeit, dieses neue Prinzip zu verstehen. Manche Katzen verstehen das in der ersten Session, bei anderen macht es erst nach mehreren 101-Dinge-Einheiten sprichwörtlich „Click“. Und das ist völlig in Ordnung.

Beenden Sie die Übung immer, solange Ihre Katze noch gut dabei ist. Verlangen Sie nicht zu viel Kreativität am Stück – das macht zwar viel Spaß, ist aber besonders für ruhige, eher passive Katzen auch ganz schön anstrengend.

Kreativitätsübungen mit dem Clicker wurden bereits Ende der 1960er-Jahre von Karen Pryor beschrieben. Sie wurden als Mittel gegen Langeweile und zu viel Routine im Training mit Delfinen entwickelt. Die positiven Ergebnisse waren überzeugend, und Kreativitätsübungen mit Gegenständen, insbesondere die sogenannte 101-Dinge-Kiste, gehören seit langem berechtigerweise zu den gängigen Clickerübungen.

(Foto: Nissen)

Ideen für die Trickkiste

Bevor Sie damit starten, Ihrer Katze einen der im Folgenden beschriebenen Tricks beizubringen, lesen Sie die Beschreibung bitte zunächst vollständig durch. Überlegen Sie jeweils, ob ein bestimmter Trick für Ihre Katze geeignet ist: Ist Ihre Katze rege und agil oder eher gemütlich und etwas unbeweglich? Im ersten Fall wird sie wahrscheinlich Spaß haben an Sprüngen und sehr aktiven Tricks, im letzten Fall sollten Sie Ihre Miez erst mal mit ruhigeren Übungen abholen. Ruhige Katzen können sich oft gut konzentrieren, während den quirligen die ausdauernde Aufmerksamkeit für komplizierte Aufgaben (noch) fehlt.

Seien Sie kreativ

Sie müssen nicht einen einzelnen Trick so lange trainieren, bis Ihre Katze ihn perfekt beherrscht, bevor Sie sich an die nächste Übung machen. Im Gegenteil: Katzen schätzen die Abwechslung und viele langweilen sich schnell. Statt in einer Übungseinheit volle zwei Minuten nur einen einzigen Trick mit vielen Wiederholungen zu üben, trainieren Sie lieber zwei oder drei Tricks jeweils kurz. Ihre Katze wird dann wahrscheinlich sogar bereitwilliger am Ball bleiben. Es ist allerdings wichtig, dass die gleichzeitig trainierten Tricks möglichst unterschiedlich sind, damit Ihre Katze nicht durcheinander kommt. High Five und Männchen sind zum Beispiel relativ ähnlich und sollten nicht gleichzeitig geübt werden. Gleiches gilt für Hinlegen und Rolle. High Five und Hinlegen hingegen können Sie unmittelbar nacheinander üben. Grundsätzlich lassen sich aktive und passive Übungen gut kombinieren.

Wie lange wird es dauern, bis Ihre Katze die einzelnen Tricks gelernt hat? Auf diese Frage gibt es keine allgemeingültige Antwort. Bitte schrauben Sie die Erwartungen an Ihre Katze nicht zu hoch und vergleichen Sie sie nicht mit Hunden. Einige Katzen sind hoch motiviert und haben eine unglaublich schnelle Auffassungsgabe, sodass sie bei entsprechend gestaltetem Training in einem Wahnsinnstempo lernen. Andere Katzen gehen eher in Zeitlupe durch die einzelnen Trainingsschritte und brauchen entsprechend länger. Das bedeutet aber noch lange nicht, dass sie weniger Spaß daran haben und weniger vom Tricktraining profitieren würden. Das Tempo ist

Könnte es sein, dass irgendetwas am Übungsaufbau Ihrer Katze Angst macht? Das ist nicht Sinn und Zweck vom Tricktraining. Es soll Spaß machen, und zwar vor allem Ihrer Katze! Deshalb verschieben Sie bitte einen Trick, der Ihrer Katze sehr viel Selbstüberwindung abverlangen wird, erst mal ganz nach hinten. Sie können diese Übung dann wieder hervorholen, wenn Sie eine erfahrene Trainerin und Ihre Katze eine erfahrene und begeisterte Trickkatze ist. Der Aufbau einer potenziell ängstigenden Übung sollte so verändert werden, dass die Katze maximal in eine leichte Anspannung gerät – alles andere wäre zu viel und kein gutes Training. Der Trick muss in extrem viele kleine Schritte zerlegt werden, sollte nicht in jeder Trainingseinheit trainiert werden und es sollte danach immer eine Lieblingsübung der Katze oder eine Superbelohnung folgen. Aber wie gesagt: Noch ist dafür nicht der richtige Zeitpunkt.

nicht wichtig. Entscheidend ist, dass Sie und Ihre Katze eine schöne gemeinsame Aufgabe bewältigen, aktive Zeit miteinander verbringen, Erfolgserlebnisse haben und ganz nebenher Neues lernen – auch übereinander.

Sie werden bald entdecken, wo die Talente Ihrer Katze liegen. Es spricht überhaupt nichts dagegen, diese Talente zu fördern und ihr Aufgaben zu geben, die sie spielerisch und ohne große Anstrengung erlernen kann. Die Konzentration im Training ist Anstrengung genug, und Erfolge sind Gold wert für das Selbstvertrauen und Wohlbefinden.

Die Übungsanleitungen in diesem Buch sind nicht in Stein gemeißelt! Es gibt immer verschiedene Wege zu einem Ziel, vielleicht ist ein anderer für Ihre Katze und Sie besser geeignet als der hier beschriebene. Probieren Sie ruhig wohlüberlegt und durchgeplant auch andere Pfade aus – Umwege können sich manchmal als Abkürzungen entpuppen.

Die Balanceübung auf dem Ball ist für ZsaZsi sehr anstrengend. Damit sie sich bei diesem Trick nicht verletzen kann, bekommt der Ball unten durch eine Kuchenform und zusätzlich durch Festhalten Stabilität. Im Anschluss folgt zur Entspannung eine sehr leichte Übung. (Fotos: Nissen)

„Schlag ein, Kumpel!“ – Lütti gibt High Five. (Foto: Nissen)

Pfotentargets – Beispiel: High Five

Für das High Five: Die Katze legt ihre Vorderpfote mittig gegen die aufrecht hingehaltene Hand. Beim Pfotentarget: Die Katze berührt einen Gegenstand an einer bestimmten Stelle mit der Pfote.

AUFBAU

Halten Sie Ihre Hand in High-Five-Position etwa auf Kopfhöhe in ungefähr einer Vorderbeinlänge Abstand vor Ihre Miez. Clicken Sie nun zunächst jede Annäherung an Ihre Hand und formen Sie die Angebote Ihrer Katze, bis sie Ihre Hand mit der Pfote berührt. Ab jetzt gibt es nur noch für Pfotenberührungen C & B und Sie shapen die Pfotenberührungen in Richtung Mitte Ihrer Handfläche.

Mögliche Schritte:

- Blick
- Schritt darauf zu
- Beriechen
- Mit dem Kopf markieren
- Pfote heben
- Pfote berührt die Hand irgendwo (wahrscheinlich seitlich am Rand)
- Pfote berührt die Hand irgendwo an der Handfläche
- Pfote berührt die Hand in der Mitte der Handfläche

Variante des Tricks High Five: Wird die Hand deutlich über Kopfhöhe gehalten, gibt Eazy High Ten. (Foto: Nissen)

Hinweis für rabiate Katzen

Neigt Ihre Katze zu Kralleneinsatz, dann shapen Sie sanfte Pfotenberührungen: Wenn Ihre Katze zuverlässig Ihre Hand mit der Pfote berührt, dann bekommt sie nur noch für die sanfteren Versuche C & B, während Grobheiten ergebnislos bleiben.

Hinweis für scheue Katzen

Fühlt sich Ihre Katze durch die aufrecht vor sie gehaltene Hand bedrängt, können Sie es ihr durch einen Zwischenschritt leichter machen: Halten Sie Ihre Hand zum Beginn der Übung nicht in High-Five-Position, sondern etwa auf Brusthöhe der Katze mit der Handfläche nach oben hin (so als wollten Sie ihr eine Leckerei geben). Gehen Sie durch den oben beschriebenen Shapingprozess. Anschließend drehen Sie in vielen Schritten (und gegebenenfalls mehreren Trainingseinheiten) Ihre Hand in einem Halbkreis in eine aufrechte Position und lassen sich auf jeder Zwischenposition von Ihrer Katze mehrfach ein High Five geben. So lernt sie spielerisch, dass eine Hand vor ihrer Nase gar nicht schlimm ist, sondern eine Möglichkeit für C & B.

Andere Pfotentargets

Nach dem gleichen Prinzip können Sie Ihrer Katze beibringen, andere Gegenstände an einer ganz bestimmten Stelle mit der Pfote zu berühren. Clicken Sie immer erst die Annäherung und alle Berührungen, die angeboten werden, dann nur noch die Berührungen mit der Pfote und shapen die Pfoten schließlich an die gewünschte Stelle.

ZsaZsi lernt, ihre Vorder- und Hinterpfoten auf jeweils einen Yogastein zu setzen – für ZsaZsi sind das Pfotentargets. Weil die Balance noch nicht hundertprozentig stimmt, wird der senkrechte Stein durch die Beine stabilisiert. So kann nichts schiefgehen. (Foto: Nissen)

Nach körperlichem Einsatz eine Konzentrationsübung: Eazy muss das weiße Target berühren, um sich Click und Belohnung zu verdienen, egal ob es sich im Verhältnis zum schwarzen Target links, rechts, oben oder unten befindet. (Foto: Nissen)

Farbunterscheidung

Ihre Katze sucht unter verschiedenfarbigen Nasen- oder Pfotentargets das richtige heraus. Sie brauchen dazu baugleiche Targets, zum Beispiel Becher oder farbige Tischtennisbälle auf Holzspießen.

AUFBAU

Bringen Sie nun Ihrer Katze mittels Shaping bei, ein Nasentarget zu berühren, das eine bestimmte Farbe hat (zum Beispiel Weiß). Dann nehmen Sie ein genau baugleiches, aber schwarzes Nasentarget dazu und halten Ihrer Katze beide hin. Nur wenn sie das weiße Target berührt, bekommt sie C & B.

Berührt Ihre Katze zuverlässig das weiße Target und ignoriert das schwarze, nehmen Sie weitere einzelne Targets in anderen, gut unterscheidbaren Farben/Mustern (hell/ dunkel) dazu.

Variante für Fortgeschrittene

Verknüpfen Sie die Berührung des weißen Targets mit dem Signal „Weiß“. Formen Sie separat das Berühren des schwarzen Targets und verbinden Sie es mit dem Signal „Schwarz“. Stellen Sie in vielen Wiederholungen sicher, dass Ihre Katze das verstanden hat. Nun präsentieren Sie ihr beide Targets zugleich und geben sofort ein Farbsignal – Ihre Katze muss nun für C & B das Target mit der entsprechenden Farbe berühren.

Fällt das Ihrer Katze leicht, steigern Sie die Anzahl der Farben.

Nasenküsschen

Kennen Sie die typische Nase-Nase-Begrüßung unter Katzen? Bei dieser Übung wird Ihre Katze Ihnen ein Nasenküsschen geben und dafür gegebenenfalls irgendwann auch größere Anstrengungen unternehmen.

AUFBAU

Bringen Sie sich in eine Position, in der sich Ihr Kopf auf Kopfhöhe Ihrer Katze befindet. Das sollte für Sie selbst unbedingt bequem sein, damit Sie für ein Weilchen ruhig in dieser Position verweilen können. Ihre Rolle bei dieser Übung ist absolut passiv. Nicht Sie bringen Ihre Nase an das Näschen Ihrer Katze, sondern Ihre Katze wird der aktive Part. Sie soll schließlich den Nase-Nase-Kontakt nicht erdulden lernen, sondern aus eigener Entscheidung initiieren.

Stufe 1

Mit welcher Distanz zwischen Ihnen und Ihrer Katze Sie beginnen und wie viele Zwischenschritte Ihre Katze benötigt, ist absolut abhängig von Ihrer Katze. Holen Sie sie da ab, wo sie gerade steht – und zwar buchstäblich: Sobald Sie in der Nase-Nase-Position sind, clicken und belohnen Sie die erste Bewegung Ihrer Katze in Ihre Richtung. Das kann wieder ein kurzer Blick sein, eine leichte Kopfdrehung oder vielleicht auch schon ein paar Schritte auf Sie zu. Wir werden Ihre Katze nämlich auf den Weg zu Ihrer Nase shapen. Falls Ihre Miez sich gleich auf Sie zu bewegt, seien Sie nicht zu gierig und hoffen darauf, dass sie bis zur Nase kommt, sondern sagen Sie ihr mit dem Click, dass schon die ersten Schritte richtig sind. Falls Ihre Katze nämlich kurz vor Ihrem Kopf die Richtung ändert, hätten Sie eine wichtige Clickgelegenheit verpasst. Geben Sie die Belohnung am Anfang so, dass Ihre Katze sich durch ein erneutes Zuwenden (Blick, Kopf drehen, Körper drehen) leicht den nächsten Erfolg abholen kann.

Falls Ihre Katze sich nur sehr zögerlich nähert oder sich unruhig in einer gewissen

Am besten clickert es sich auf dem Boden sitzend oder kniend. Dort hat man in der Regel viel Platz, befindet sich ungefähr auf gleicher Höhe mit der Katze und an einem für sie alltäglichen Aufenthaltsort. Falls Sie Schwierigkeiten in den Knien oder im Rücken haben oder aus sonstigen Gründen nicht auf dem Boden sitzen möchten, können Sie für das Tricktraining zum Beispiel einen großen Tisch auswählen. Dann können Sie davor stehen oder auf einem Stuhl sitzen und sind Ihrer Katze trotzdem nahe.

Faramir streckt sich schon ordentlich, um die Nase seiner Halterin zu erreichen. (Foto: Boumala)

Distanz zu Ihnen bewegt, findet sie es offensichtlich etwas suspekt, Ihrem Kopf nahe zu kommen. Sie können ihr die Übung etwas erleichtern, indem Sie Ihrer Katze nicht direkt in die Augen schauen, sondern ihr den Kopf nur leicht schräg zuwenden, sie aus den Augenwinkeln beobachten, viel blinzeln und jeden einzelnen Blick und jede einzelne Kopfdrehung zu Ihnen belohnen. Bringen Sie so in möglichst kurzer Zeit vier bis fünf C & B an die Miez und beenden Sie die Trainingseinheit oder wechseln zu einem anderen Trick, der Ihrer Katze leichter fällt.

Stufe 2

Ihre Katze kommt jetzt schon regelmäßig flott zu Ihrem Kopf geschritten, sobald Sie ihn in Position bringen. Es wäre sehr katzentypisch, wenn sie Ihnen direkt ein Nasenküsschen aufdrücken würde, sobald sie bei Ihnen ankommt – clicken Sie und geben Sie ihr die Belohnung in einem kleinen Abstand. Wiederholen Sie dies einige Male, sodass Ihre Katze immer ein paar wenige Schritte macht und Ihnen dann Nase-Nase gibt.

Sollte Ihre Katze dabei zu rabiat sein und Ihnen beinahe das Nasenbein brechen, versuchen Sie bitte, einige Male lang die Zähne zusammenzubeißen, damit Ihre Katze lernen kann, dass sie auf dem richtigen Weg ist. Halten Sie sich dabei vor Augen, dass Ihre Katze Sie gerade mit einer extrem freundlichen Katzengeste beschenkt. Dann beginnen Sie wieder mit dem Shaping und clicken und belohnen Ihre Miez für die etwas sanfteren Küsschen, während die schlimmsten Kopfnüsse ungeclickt bleiben. Denken Sie bei diesem Shaping hin zum sanften Nase-Nase wieder an die Wichtigkeit der hohen Erfolgsquote für Ihre Katze und die kleinen Schritte – nur so kann Ihre Katze verstehen, dass Sie Wert auf sanfte Küsschen legen.

Falls Ihre Katze bei der Annäherung eher das Gegenteil von rabiat und nicht ganz so schnell ist, dann shapen Sie das letzte Stückchen zu Ihrer Nase einfach weiter. In diesem Fall sitzt Ihre Katze wahrscheinlich entweder kurz vor Ihnen oder sie bewegt sich in Ihrer Nähe hin und her. Clicken Sie sie, wenn sie sich Ihrem Gesicht eine Winzigkeit mehr annähert. Das darf anfangs auch gern an Ihrem Ohr, Ihrem Kinn oder Ihrer Stirn geschehen. Bei der sich bewegenden Katze shapen Sie die Berührungen dann zunehmend in Richtung Nase. Bei der sitzenden Miez wird jedes noch so leichte Vorstrecken des Näschens geclickt und belohnt. Wenn Sie längere Haare haben, lassen Sie doch mal ein paar Haarsträhnen vor Ihr Gesicht fallen – die zu berühren fällt einigen Katzen leichter. Lassen Sie Ihrer Katze viele Trainingseinheiten Zeit, sich immer mehr der Mitte Ihres Gesichts und damit Ihrer Nase anzunähern.

Vielleicht beschließen Sie als Trainingsziel ein leichtes Anatmen aus einem Zentimeter Entfernung? Wenn das von einer zurückhaltenden Katze kommt, die sich dabei pudelwohl fühlt, ist das eine ganz rührende Übung und eine tolle Leistung Ihrer Katze!

Ihre Position selbst wird für die Katze im Zuge vieler Wiederholungen zum Signal für Nase-Nase. Wenn Sie möchten, können Sie jetzt zusätzlich ein Wortsignal einführen, sobald Ihre Katze Ihnen zuverlässig Nasenküsschen gibt: Sagen Sie zum Beispiel „Kiss“ und bringen Sie sich sofort in Position. „Kiss“ wird so zur Ankündigung der „Nase-Nase-Gelegenheit“.

Bei allen Tricks, die Körperkontakt mit der Katze beinhalten, sollten Sie sich für Ihre Katze gut anfühlen und gut riechen. Wählen Sie Kleidung, an der Ihre Katze nicht leicht hängen bleibt und die sich gut unter den Pfoten anfühlt, und vermeiden Sie Parfüms und stark riechende Cremes.

Stufe 3

Wenn Ihre Katze Ihnen verlässlich ein Nasenküsschen gibt, sobald Sie sich in Position bringen, kommt die letzte Schwierigkeitsstufe: Sie erhöhen jetzt die Distanz. Anfangs bleiben Sie dabei auf gleicher Ebene mit der Katze und hocken sich einfach in etwas größerer Entfernung von sie hin. Dann platzieren Sie sich – noch sichtbar – hinter oder neben einem Stuhl, sodass ein kleiner Umweg nötig ist. Halten Sie die Nase ein bisschen höher, sodass Ihre Katze sich strecken muss, um Nase-Nase machen

Nach mehreren Trainingseinheiten erklimmt Faramir für den Nase-Nase-Kontakt sogar eine Klettertonne. (Foto: Boumala)

zu können. Steigern Sie das, bis Ihre Katze Männchen machen muss, um Sie zu erreichen, oder sogar auf einen Stuhl oder einen Tisch springen muss. Ein Hochstemmen oder -klettern an Ihrem Körper, um die Nase zu erreichen, ist nur bei zurückhaltenden Katzen und angemessener, schützender Kleidung zu empfehlen.

Dabei gilt natürlich wieder: Erhöhen Sie immer nur ein Kriterium zur Zeit.

Transportbox: Katze auf Reisen

Stufe 1: Die Katze geht freiwillig und fröhlich in die offene Transportbox und setzt beziehungsweise legt sich darin hin.

Stufe 2: Die Katze verweilt in der Transportbox bei offener Tür.

Stufe 3: Die Katze bleibt entspannt in der Box bei geschlossener Tür.

Stufe 4: Die Katze lässt sich entspannt in der Box tragen.

AUFBAU

Das Gehen in die Transportbox wird auf die gleiche Weise trainiert wie „Geh auf die Decke“ (siehe Seite 33). Die geöffnete Transportbox ist dabei der Katze zugewandt oder steht leicht schräg zu ihr. Hängen Sie die Tür zu Beginn komplett aus.

Stufe 1: Katze geht in die Box und setzt sich hin

Mögliche Schritte:

- Der Weg zur Box
  - Blick zur Box
  - Kopfdrehung hin zur Box
  - Kopf etwas zur Box hinstrecken
  - Minimaler Bewegungsansatz Richtung Box
  - Aufstehen in Richtung Box
  - Ein einziger Schritt hin zur Box
  - Mehrere Schritte
- Seitlich oder hinter der Transportbox angekommen
  - Nasenberührung irgendwo an der Box
  - Reiben irgendwo an der Box
  - Pfotenberührungen irgendwo an der Box
  - Die gezeigten Aktionen langsam Richtung Öffnung shapen: Die an der Seite der Transportbox sitzende und diese mit der Pfote anstupsende Katze wird nur noch für die Pfotenberührungen geclickt und belohnt, die etwas weiter in Richtung Öffnung zeigen als ihre anderen Pfotenberührungen.

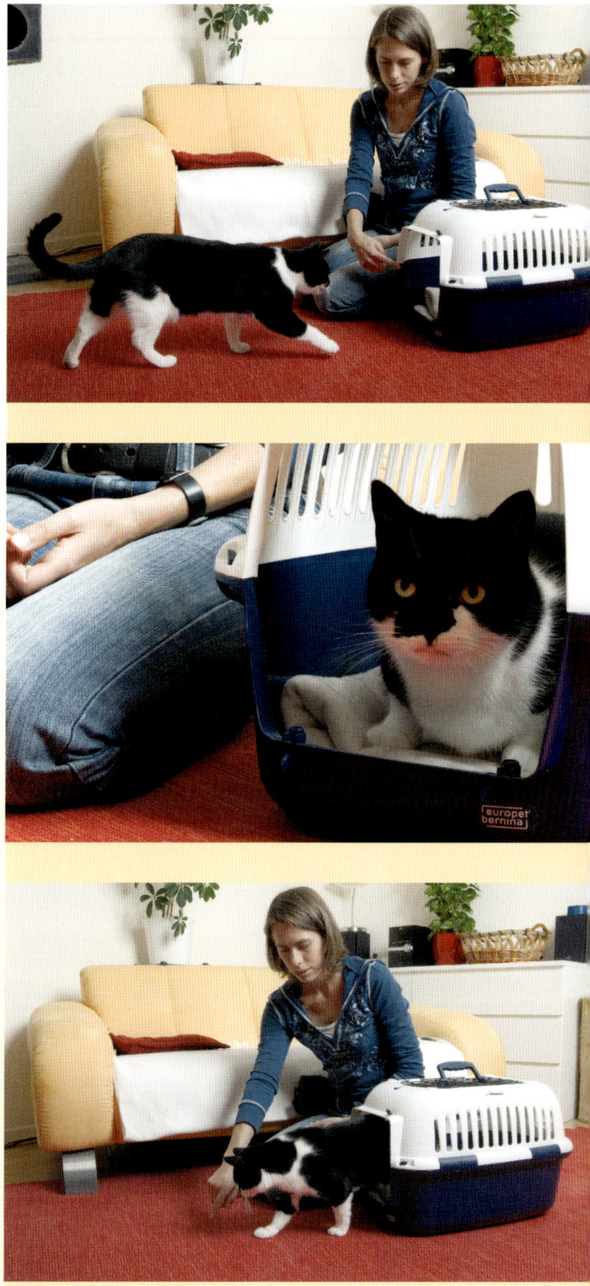

Auf Signal geht Eazy zügig in seine Box und setzt sich hinein – Click und Belohnung. Er bleibt in der Box, um sich weitere C & B zu verdienen, und verlässt sie erst auf ein entsprechendes Handsignal. (Fotos: Nissen)

- An der Boxöffnung angekommen
  - Nase oder Köpfchen irgendwo an der Boxöffnung
  - Pfote irgendwo am Boxrand
  - Shaping der gezeigten Aktionen Richtung Mitte der jeweiligen Randseite
  - Blick in die Box
  - Hineinschnuppern in die Box
  - Den Hals ein wenig strecken
  - Den Hals noch einen Millimeter weiter hineinstrecken
  - Eine Pfote hineinsetzen
  - Zwei, drei Pfoten hineinsetzen
- Vier Pfoten in der Box
  - Wenn die Katze das erste Mal die vierte Pfote in die Transportbox setzt, geben Sie ihr eine riesige Belohnung noch in der Box! Wenn sie gerade mit dem Fressen fertig ist, clicken Sie erneut und geben ihr eine normale Belohnung außerhalb der Box.
  - Geben Sie immer mal wieder, am besten zum Abschluss der Trainingseinheit, eine für Ihre Katze überraschend große oder tolle Belohnung, wenn sie die Box komplett betreten hat.
- Hinlegen oder Hinsetzen in der Box
  - Verzögern Sie den Click, nachdem Ihre Katze die vierte Pfote in die Box gesetzt hat. Wahrscheinlich setzt oder hockt sie sich hin, um zu warten – das ist der Moment für C & B!

Der aktuelle Stand der Übung wäre jetzt also: Katze sieht die offene Box, geht ganz ungelockt auf sie zu und hinein, dreht sich um und setzt oder legt sich hin. Diese Stufe sollte häufig wiederholt werden, ebenso wie die einzelnen Zwischenschritte auf dem Weg dahin.

Stufe 2:
Katze bleibt bei offener Tür in der Box

- Click für Hinlegen/Hinsetzen in der Box – geben Sie die Belohnung in der Box.
- Wenn Ihre Katze aufgegessen hat, warten Sie einen kurzen Moment, dann erneut C & B in der Box.
- Wiederholen Sie dies einige Male.
- Steigern Sie in Sekundenschritten die Dauer zwischen dem Hinlegen in der Box beziehungsweise dem Aufessen nach dem letzten Click und dem nächsten Click.
- Wenn Sie schon bei einer Dauer von einer halben Minute angekommen sind, clicken und belohnen Sie nach variablen Zeiten – machen Sie es also nicht immer nur schwieriger!
- Fügen Sie Ablenkung hinzu: Ändern Sie Ihre Position und Körperhaltung, berühren Sie die Box an verschiedenen Stellen, lassen Sie andere Menschen oder Katzen anwesend sein, schalten Sie den Fernseher ein, singen Sie ein Lied … Vergessen Sie nicht, unter Ablenkung das Kriterium Dauer erst einmal wieder zu senken!

Stufe 3:
Katze bleibt entspannt bei geschlossener Tür in der Box

Ihre Katze dürfte jetzt in der Transportbox schon recht entspannt sein, da diese sich in den vergangenen Trainingseinheiten als ein angenehmer und lohnenswerter Ort entpuppt hat.

Eine offene Transportbox ist aus Sicht der Katze aber unter Umständen eine völlig andere Geschichte als eine geschlossene Transportbox – wer ist schon gern eingesperrt? Gehen Sie einfühlsam und sorgsam vor, wenn Sie das Schließen der Transportbox trainieren. Sorgen Sie unbedingt dafür, dass die Tür nicht aus Versehen zufallen kann.

Mögliche Schritte:
- Einhängen der Tür
- Erneutes Shaping der Annäherung an die Box
- Erneutes Shaping des Betretens der Box
- Erneutes Shaping des Verweilens in der Box bei vollständig geöffneter Tür

Die Katze ist jetzt entspannt in der Box bei geöffneter Tür.
- Berührung der Tür mit der Hand, ohne sie zu schließen.
- Tür etwa einen Zentimeter weiter schließen, clicken, Tür voll öffnen und Belohnung in der Box geben.
- Mit jeweils vielen Wiederholungen die Tür in winzigen Schritten immer weiter schließen.
- Tür ganz anlehnen (aber noch nicht verriegeln oder einrasten), sofort Click, Tür auf und Belohnung.
- Sekundenweise Verlängerung der Dauer, die die Katze hinter der angelehnten Tür verbringt. Leckerli können durch die Löcher in der Tür gereicht werden.
- Verriegelung der Tür – Click im Moment des Verschlussgeräuschs und Belohnung in der Box. Danach sofortiges Öffnen der Tür.
- Verlängerung der Verweildauer in der vollständig verriegelten Transportbox mit viel C & B.

Stufe 4:
Abflug – die Katze lässt sich entspannt in der Box tragen

Mögliche Schritte:
- Berühren des Griffs der Box
- Leichtes Rütteln am Griff
- Transportbox zwei Zentimeter anheben, clicken, absetzen und belohnen
- Transportbox fünf Zentimeter anheben
- Dauer des Anhebens schrittweise verlängern

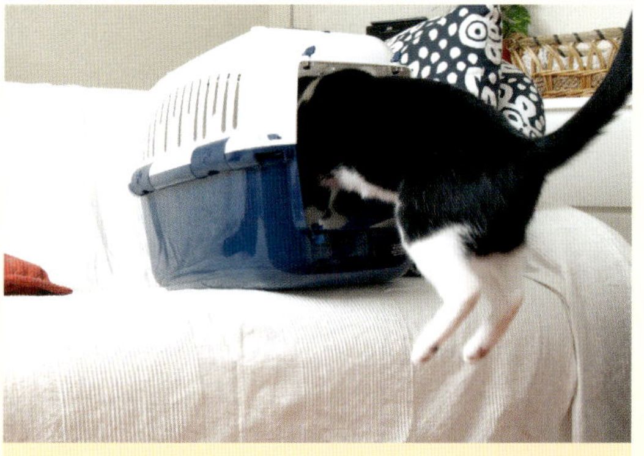

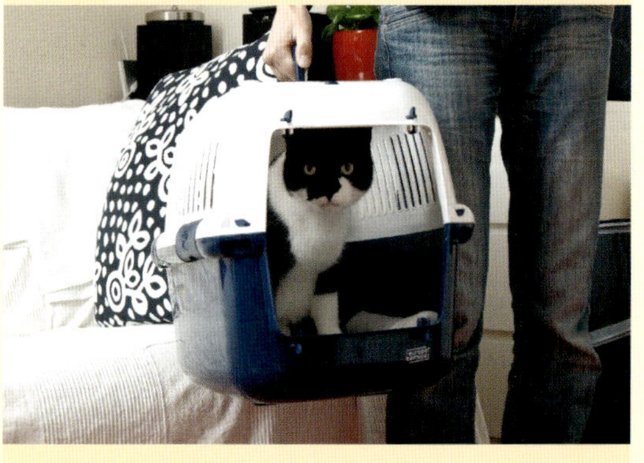

Abwechslung macht Spaß! Eazy springt jetzt gern in seine Transportbox und lässt sich darin tragen. (Fotos: Nissen)

- Transportbox nach und nach immer höher anheben
- Transportbox nicht nur in die Höhe, sondern seitlich bewegen
- Einen Schritt mit der Box in der Hand gehen
- Mehrere Schritte mit der Box gehen
- In ein anderes Zimmer gehen
- In noch ein anderes Zimmer gehen
- Ablenkungen hinzufügen
- Aus der Wohnungstür gehen. …

Einige Katzen „fliegen“ übrigens anfangs lieber mit geöffneter Tür. Für einen späteren Transport zum Tierarzt müssen sie natürlich auch die geschlossene Variante lernen.

Achten Sie beim Transportboxtraining auf Ihre eigene Haltung, damit Sie keine Rückenschmerzen bekommen!

Wenn Ihre Katze Spaß daran gefunden hat, in die Box zu gehen, spielen Sie mit der Platzierung der Box. Stellen Sie sie etwas weiter weg, dann mal leicht um eine Ecke, auf das Sofa, auf den Tisch, sodass Ihre Miez weitere Wege zurücklegen oder sogar hineinspringen muss. Die Transportbox muss dabei natürlich sicher stehen.

Wenn Ihre Katze Angst vor dem Transportkorb hat, beginnen Sie mit dieser Übung erst, wenn Ihre Katze schon umfangreiche positive Clickererfahrungen gemacht hat, und gehen Sie extrem langsam und behutsam vor. Achten Sie auf die Körpersprache Ihrer Katze und überfordern Sie sie nicht. Locken Sie sie auf keinen Fall mit Futter in die Box – Ihre Miez muss jeden kleinen Schritt aus freien Stücken tun. Nur so kann sie mögliche Furcht überwinden.

Slalom um die Beine

Während Sie vorwärtsgehen, schlängelt sich die Katze im Slalom durch Ihre Beine. Erreicht wird dies durch Shaping, alternativ können Sie Hilfestellung durch das Fingertarget geben.

AUFBAU

Damit der Slalom durch die Beine flüssig klappen kann, muss die Katze immer von der Seite des hinten stehenden Beins durch die Beine laufen. So kann Ihr hinteres Bein den nächsten Schritt nach vorn machen, ohne dass die Katze im Weg ist.

Stufe 1

Sie stehen in Schrittstellung.
Mögliche Schritte:

- Blick der Katze durch die Beine
- Bewegungsansatz in Richtung Beine
- Alle Laufbewegungen in Richtung Beininnenseiten
- Berührung der Beine mit Kopf/Körperseite
- Berührungen an den Beininnenseiten
- Durch die Beine gehen

Belohnen Sie nach dem Click immer in Bewegungsrichtung durch die Beine und brin-

gen die Katze so erneut in eine günstige Ausgangsposition.

Stufe 2

Beginn in stehender Schrittstellung. Ist die Katze durch die Beine gegangen, machen Sie einen Schritt vorwärts und bleiben erneut stehen, um der Katze das Gleiche von der anderen Seite zu ermöglichen. Nach jeder erfolgreichen Beinunterquerung mit C & B gehen Sie einen weiteren Schritt vorwärts.

Stufe 3

Wenn Stufe 2 zuverlässig klappt, steigern Sie die Anforderungen: Ihre Katze muss jetzt zweimal durch Ihre Beine kreuzen, um sich C & B zu verdienen. Dann dreimal, viermal

Mitten im Slalomtraining: ZsaZsi schmust sich durch den Slalom und bekommt nach dem dritten Menschenschritt verdienterweise Click und Belohnung. (Fotos: Nissen)

und so weiter. Vergessen Sie nicht, es zwischendurch mal wieder einfacher zu machen.

Stufe 4

Erhöhen Sie die Geschwindigkeit, bis Sie den Slalom in normaler Schrittgeschwindigkeit erreicht haben. (Senken Sie dabei vorläufig das Kriterium der Schrittzahl für C & B.)

Vorderbeine auf den Arm stellen

Die Katze steht mit den Hinterpfoten auf dem Boden und stellt beide Vorderpfoten auf Ihren Unterarm. Sie erreichen dies durch Shaping.

AUFBAU

Halten Sie Ihren Unterarm waagerecht etwas über Kopfhöhe Ihrer Katze – aber nicht über die Katze, sondern etwa eine halbe Armlänge vor sie.

Mögliche Schritte:

- Blick zum Arm
- Hals strecken
- Arm mit Kopf berühren/köpfeln
- Pfotenberührung
- Männchen vor dem Arm
- Pfotenberührung mit Gewichtsverlagerung auf den Arm
- Zwei Pfoten auf dem Arm mit „sitzenden" Hinterbeinen
- Zwei Pfoten auf dem Arm mit durchgedrückten Hinterbeinen

Der waagerechte Unterarm ist für Eazy das Signal, seine Vorderpfoten daraufzustellen. Für den früher sehr scheuen Kater war dafür anfangs große Überwindung nötig. (Foto: Nissen)

Reifensprung

Ihre Katze springt durch einen hingehaltenen Reifen, die Lehrmethode dafür ist Shaping. Anfangs sollte der Durchmesser des Reifens gern 25 bis 40 Zentimeter betragen. Später können Sie ihn als Variation der Übung verkleinern. Je kleiner der Reifen, desto besser müssen Sie die natürliche Sprungbahn der Katze einschätzen und den Reifen richtig platzieren.

AUFBAU

Stufe 1

Halten Sie den Reifen ungefähr eine Handbreit über den Boden und mit dem äußeren Rand an eine Wand oder ein Möbelstück. Ihre Katze kann also nicht einfach unter dem Reifen hindurch oder an ihm vorbeilaufen und hat so eine größere Chance auf Erfolg.

Nun clicken Sie jede Annäherung Ihrer Katze an den Reifen und formen dann all ihre Aktivitäten vom äußeren Reifenrand zum inneren Reifenrand und nach Möglichkeit zur Reifenmitte. Wählen Sie dann die Aktivitäten aus, bei denen Körperteile Ihrer Katze ein bisschen weiter durch den Reifen schauen als sonst – C & B. Sobald sie den Kopf durch den Reifen steckt oder mit einer Pfote hindurchlangt, können Sie die Belohnung nach dem Click auf der anderen Seite des Reifens geben, sodass die Katze den Reifen auf dem Weg dorthin vollständig durchquert. Das wird ihr helfen zu verstehen, dass sie durch den Reifen

Der Zeigefinger der Clickerhand gibt Faramir das Signal für den Sprung durch den Reifen. (Foto: Boumala)

Clickerprofi Faramir springt mutig durch den mit einer Serviette bespannten Reifen. Diese Übung erfordert sehr gut durchdachtes und sorgfältiges Training. (Foto: Boumala)

hindurch soll. Erhöhen Sie die Anforderungen, bis Ihre Katze durch den Reifen hindurchgeht.

Stufe 2

Halten Sie den Reifen wenige Zentimeter höher, sodass Ihre Katze einen kleinen Sprung machen muss. Steigern Sie langsam die Höhe.

Tipp: Bauen Sie nun den Reifen einfach in bereits bekannte Sprungübungen mit ein. Halten Sie ihn zum Beispiel über eine Hürde und clicken Sie nur noch die Hürden-sprünge, die durch den Reifen gehen. Das fällt vielen Katzen sehr leicht.

Für Fortgeschrittene: Sprung durch Serviette

Je nach gewähltem Reifen müssen Sie unterschiedliche Befestigungen für die Serviette wählen (zum Beispiel Klebeband). Stickrahmen ermöglichen ein Einspannen der Serviette.

Mögliche Schritte:

- Serviette nur an einem Zipfel oben am Reifen befestigen
- Serviette an zwei Zipfeln locker befestigen
- Zwei Servietten locker so befestigen, dass die Katze durch einen Schlitz in der Mitte sehen und ohne großen Widerstand springen kann.
- Schlitz in der Mitte verkleinern
- Eine Serviette am Reifen befestigen und in der Mitte kreuzförmig aufschneiden, sodass die Katze hindurch kann.
- Kreuzschnitt in kleinen Schritten verkleinern
- Serviette am Reifen befestigen und in der Mitte ganz leicht anfeuchten, sodass sie beim Sprung auf geringsten Druck nachgibt.

Vorbereitung für den Sprung von Stuhl zu Stuhl: Plato bekommt Click und Belohnung für das Gehen von einem Stuhl auf den anderen.

Jetzt ist der Abstand zwischen den Stühlen schon so breit, dass Plato einen kleinen Sprung oder einen sehr langen Schritt machen muss – aber nicht so weit, dass er den Weg über den Boden als leichter empfindet. (Fotos: Boumala)

Sprungprofil in Aktion: Plato springt beherzt ab – Click! – und landet sicher auf dem zweiten Stuhl, auf dem er die Belohnung erhält. (Fotos: Boumala)

Stuhlsprünge

Die Katze springt von einem Stuhl auf einen anderen, der in Sprungentfernung steht. Eine geeignete Lehrmethode ist Shaping.

AUFBAU

Stufe 1
Stellen Sie zwei Stühle einander direkt gegenüber, sodass sich die Sitzflächen beinahe berühren. Positionieren Sie Ihre Katze mit dem Fingertarget auf einem der Stühle.

Mögliche Schritte:
- Blick zum zweiten Stuhl
- Bewegungsimpuls zum zweiten Stuhl
- Erste/zweite/dritte Pfote auf zweitem Stuhl
- Ganze Katze auf zweitem Stuhl

Lassen Sie Ihre Katze auf diese Weise mehrfach von einem Stuhl zum anderen gehen.

Stufe 2
Vergrößern Sie zentimeterweise den Abstand zwischen den Stühlen. Anfangs reichen noch große Schritte, um auf den anderen Stuhl zu gelangen – irgendwann muss der erste kleine Sprung her. Stellen Sie sicher, dass beide Stühle bei Absprung und Landung wirklich sicher stehen.

Balancieren

Die Katze balanciert auf einem schmalen Brett über einem „Abgrund“ zwischen zwei Stühlen. Sie lernt diese Übung durch Shaping.

Cuno folgt einem Fingertarget über eine extrem schmale Latte, die mit Schraubzwingen sicher an den Stühlen befestigt ist. (Foto: Nissen)

AUFBAU

Je nach Geschicklichkeit Ihrer Katze wählen Sie ein Brett, das zwischen 5 und 20 Zentimetern breit ist. Legen Sie es mit beiden Enden jeweils so auf einen Stuhl, dass es auf gar keinen Fall hochklappen oder hinunterrutschen kann, wenn die Katze sich darauf bewegt. Kleine Schraubzwingen können dabei hilfreich sein.

Positionieren Sie Ihre Katze mit dem Fingertarget auf einem Stuhl und formen Sie das Balancieren über das Brett:

- Blick zur anderen Seite
- Bewegungsimpuls Richtung zweitem Stuhl
- Eine/zwei/drei/vier Pfoten auf dem Brett
- Ein/zwei/drei/mehrere Schritte auf dem Brett
- Komplette Überquerung des Brettes

Hinlegen/Platz machen

Die Katze legt sich auf die Seite oder in die typische Platzhaltung – wie Sie es möchten, sollten Sie allerdings entscheiden. Wege zum Ziel sind Capturing oder Locken.

AUFBAU

Das Hinlegen ist recht schwierig zu shapen, lässt sich aber meist sehr schön im Alltag einfangen. Viele Katzen legen sich nach einer ausgiebigen Spieleinheit auf die Seite – perfekte Gelegenheit, dafür regelmäßig C & B zu vergeben. Natürlich können Sie auch die Momente nutzen, wenn Ihre Katze es sich gerade auf der Fensterbank oder auf dem Sofa gemütlich

Eazy hat das Hinlegen durch Capturing gelernt und zeigt es jetzt auf Signal.

ZsaZsi hat vor Kurzem „Platz“ durch Locken gelernt. Sie ist deshalb noch stark auf die Signalhand fokussiert, auch wenn die Belohnung aus der anderen Hand kommt. (Fotos: Nissen)

macht. Sobald sie sich in die gewünschte Position legt – C & B. Wenn Sie bemerken, dass Ihre Miez nach einigen Wiederholungen auffallend häufiger vor Ihnen auf die Seite sinkt, ist es an der Zeit, ein Signal einzuführen.

Das Hinlegen birgt nicht nur bei sehr ruhigen, passiven Katzen die Gefahr, dass sie es nur noch anbieten. Es ist deshalb nicht als eine der ersten Übungen geeignet.

Wenn Sie es später mit Signal abrufen, bedenken Sie bitte, dass es ein gewisses Maß an Ruhe und Entspannung voraussetzt. Einer akut aufgeregten Katze kann es guttun, sich auf Signal hinzulegen – aber es wird ihr sehr, sehr schwerfallen!

Birne läuft zielstrebig durch den Tunnel – Click! – und bekommt im Anschluss die Belohnung. (Foto: Nissen)

Wenn Sie eine sehr sanfte Katze haben – aber bitte wirklich nur dann –, können Sie sie auch mit Futter zum Hinlegen locken. Klemmen Sie eine Leckerei zwischen Ihren Daumen und Ihre gestreckte Hand, sodass sich das Futter auf der Handinnenseite befindet. Zeigen Sie es Ihrer Katze und bewegen Sie dann Ihre Hand auf dem Boden langsam von der Katze weg. Clicken und belohnen Sie sie dafür, dass sie sich hinkauert und den Kopf nah an den Boden bringt, um mit dem Mäulchen unter Ihre Hand zu kommen. Werden Sie langsam anspruchsvoller, bis es C & B nur noch gibt, wenn Ihre Katze flach und mit ausgestreckten Vorderbeinen auf dem Boden liegt. Vergessen Sie nicht, dass nach wenigen Wiederholungen Ihre Handbewegung ganz ohne Futter ausreicht – sie ist das Signal für „Platz“ geworden.

Durch einen Tunnel

Ihre Katze läuft ohne zu zögern durch einen Tunnel. Geeignet ist ein Nylontunnel mit sta-

Wie Lütti mit seinem konzentrierten Sprung beweist, eignen sich Tunnel auch hervorragend als Hürde. (Foto: Nissen)

bilen Seitenwänden. Die Methode zur Erarbeitung dieses Tricks ist das Shaping.

AUFBAU

Legen Sie den Tunnel neben eine Wand oder ein Möbelstück. Formen Sie die Angebote Ihrer Katze in Richtung Tunnelöffnung:

- Blick zum Tunnel
- Annäherung
- Schnuppern am Tunnel
- Markieren des Tunnels mit dem Kopf außen
- Markieren am inneren Rand
- Hineinschauen
- Pföteln
- Pfote hineinsetzen

Sobald Ihre Katze alle vier Pfoten in den Tunnel setzt, clicken Sie und geben die Belohnung unverzüglich am anderen Ende des Tunnels.

(Möbel-)Parcours

Ihre Katze überwindet mehrere Hindernisse in Folge – Stühle, Hürden, Tunnel, Balancierbrett und so weiter.

AUFBAU

Für einen kleinen Agility-Parcours können Sie beliebige Hindernisse benutzen, die Sie bereits für Einzelübungen verwendet haben. Es ist leichter, wenn Ihre Katze die einzelnen Hindernisse bereits kennt. Wenn Sie beginnen wollen, diese zu kombinieren, gehen Sie bitte wie folgt vor:

- Am Ende des Parcours steht immer das Lieblingshindernis Ihrer Katze oder eines,

Eazy überwindet einen kleinen Parcours, der mit seinem Lieblingssprung über die Tonne – Click! – endet. (Fotos: Nissen)

das sie besonders gut kennt und ohne Zögern überwindet.

- Bauen Sie ein zweites Hindernis davor auf. Dieses muss Ihre Katze meistern, bevor sie über ihr Lieblingshindernis darf.
- Helfen Sie Ihrer Katze anfangs mit dem Fingertarget, um ihr den Tipp zu geben, dass sie anders als sonst noch eine weitere Sache tun soll, nämlich das letzte Hindernis überwinden. Der einzige Click erfolgt beim Überwinden des letzten Hindernisses.
- Schafft Ihre Katze beide Hindernisse sicher, nehmen Sie ein drittes dazu – als neues erstes Hindernis des Parcours.

Achten Sie darauf, dass die Distanzen zwischen den Hindernissen weder zu eng noch zu weit sind und alle Hindernisse sicher sind. Nutzen Sie äußere Begrenzungen wie Wände oder Schränke als Hilfestellung für Ihre Katze.

101-Bewegung

Die Katze bietet kreativ verschiedene Bewegungen und Körperhaltungen an, die geclickt werden. Wie bei der 101-Dinge-Übung gibt es kein festes Ziel. Die verschiedenen Aktionen der Katze werden während der Übung eingefangen (Capturing).

101 Bewegungen: Plato bietet nacheinander einen Blick nach rechts, Hinlegen, rechte Pfote nach vorn, eine Rechtsdrehung und einen Blick nach links an. Bei einer Anfängerkatze dürfen die Bewegungen auch kleiner sein. (Fotos: Boumala)

AUFBAU

Dies ist eine Variante der 101-Dinge-Übung, allerdings ohne Gegenstand und deshalb für die Katze schwieriger. Clicken und belohnen Sie Ihre Katze für jede kleinste Bewegung und jede leicht veränderte Körperhaltung: Hinsetzen, Aufstehen, Kopf nach links/rechts drehen, Kopf weiter drehen, auf den Bauch, auf die Seite legen, eine Pfote leicht anheben, eine Pfote etwas höher anheben, die andere Pfote leicht anheben, eine Drehung machen, die Pfoten kreuzen, den Kopf heben/senken, Männchen machen und so weiter.

Ziel ist, dass Ihre Miez möglichst viele verschiedene Bewegungen anbietet und Sie keine mehrfach direkt hintereinander clicken. Zu Beginn müssen Sie aber noch nicht so streng sein.

Wenn Sie Ihrer Katze für diese Übung immer ein bestimmtes Tuch hinlegen, wird dieses für Ihre Katze bald zum „Sei kreativ"-Signal. Das Wegräumen des Tuchs wiederum zeigt ihr, dass die Übung beendet ist.

Weitere Trickideen

Damit Ihnen die Ideen so schnell nicht ausgehen, hier ein paar Anregungen für Tricks, die Sie und Ihre Katze selbst erarbeiten können.

Die folgenden Tricks können gut durch Shaping trainiert werden:

- Sprung auf/über das angewinkelte Bein
- Durch die Arme springen
- Auf den Arm springen
- Bei Fuß gehen
- Auf Gymnastikball balancieren
- Auf den Schoß springen
- Sich im Kreis drehen
- Eine Acht um zwei Hindernisse laufen
- Apportieren
- Ein Glöckchen läuten
- Kriechen
- Winken

Diese Tricks können Sie im Alltag oder im Training einfangen (Capturing):

- Sitzen
- Gähnen
- Diener (vorn tief, hinten hoch)
- Spanischer Schritt (Vorderbein gerade nach vorn strecken)
- Hinterbein gerade nach hinten strecken
- Katzenbuckel
- Stillstehen
- Besondere Bewegungen oder Aktionen, die beim Spiel/bei der Jagd gezeigt werden
- Miau auf Signal
- Blickkontakt

Erfordert Balance und Nähe: Birne erklimmt in mehreren Shapingschritten die Schulter eines ihm nicht sehr vertrauten Menschen. Diese Übung ist leichter, wenn eine weitere Person mit freier Sicht auf die Katze das Clickern übernimmt. (Fotos: Nissen)

(Foto: Rüter)

Tricktraining mit mehreren Katzen

Mit mehreren Katzen gleichzeitig Tricks einzustudieren ist etwas für Profis. Anfangs sollten Sie unbedingt mit jeder Katze einzeln trainieren, damit Sie sich voll und ganz auf sie konzentrieren können. Auch den Katzen fällt es leichter, das Clickerprinzip zu verstehen und neue Tricks zu lernen, wenn sie nicht durch andere Katzen abgelenkt und durch „Fremdclicks" verwirrt werden.

Exkurs Türtraining

Ihre Katzen schätzen geschlossene Türen nicht? Dann absolvieren Sie mit ihnen zunächst das folgende Türtraining.

STUFE 1

Beginnen Sie das Türtraining in Alltagssituationen. Schließen Sie eine Zimmertür, werfen Sie Ihrer Katze ein Leckerli zu und öffnen Sie die Tür sofort wieder. Nach einigen Wiederholungen ist das Schließen der Tür für Ihre Katze positiv besetzt.

Bricht Ihre Katze schon bei diesem sekundenlangen Schließen der Tür in echte Panik aus und kann nicht fressen, holen Sie sich besser professionelle Hilfe.

STUFE 2

Zögern Sie das Öffnen der Tür einen Augenblick hinaus. Ihre Katze miaut oder kratzt an der Tür? Warten Sie den ersten Moment Ruhe oder das erste Abwenden von der Tür ab – und öffnen Sie die Tür. Durch Wiederholungen lernt Ihre Miez, dass ruhiges Verhalten die Tür öffnet, Randale hingegen nicht.

STUFE 3

Verlängern Sie in vielen kleinen Schritten die Dauer, die die Katze ruhig vor der Tür verbringen muss, bis die Tür aufgeht. Sobald Sie bei einer bis zwei Minuten angekommen sind, können Sie auf der anderen Seite der Tür kurze Clickersessions abhalten. Versüßen Sie der Wartekatze die Zeit vielleicht mit einem Fummelbrett für Katzen.

Erfordert viel Übung und andauernde Konzentration, damit es so entspannt funktioniert: Cuno und Lütti bekommen zwischendurch Belohnungen für das ruhige Ausharren auf ihren Warteplätzen, während Birne aktiv Tricks ausführt. (Foto: Nissen)

Mit mehreren Katzen gleichzeitig clickern

Bringen Sie Ihren Katzen zunächst in getrennten Trainingseinheiten bei, für kurze Weilchen auf einer Platzdecke oder in der Transportbox zu warten. Jetzt können Sie im gemeinsamen Training genau diese Übungen abrufen. Lassen Sie die erste Katze in die Transportbox gehen und dort bleiben. Nun haben Sie – je nach Trainingsstand – einige Sekunden bis wenige Minuten, um sich der zweiten Katze widmen zu können. Die Wartekatze bekommt in unregelmäßigen Abständen Warteleckerlis. Da Warten viel schwieriger ist, wenn die andere Katze dabei ist, sich bewegt und Belohnungen erclickert, sollte die Rate der Warteleckerlis anfangs höher sein als im Einzeltraining. Vergessen Sie auch nicht, regelmäßig die Rollen zu tauschen. Finden Sie

Für fortgeschrittene Trickkatzen, die sich richtig gut verstehen: Faramir springt auf Signal über Platos Rücken, der sein Näschen an die Targethand hält. Sprungsignal und Nasentarget wurden natürlich vorher einzeln gründlich trainiert. (Foto: Boumala)

heraus, ob es Ihren Katzen angenehmer ist, etwas länger zu warten und dann selbst länger an der Reihe zu sein oder ob es besser funktioniert, wenn Sie eher im Sekundentakt zwischen den Katzen hin und her wechseln.

Mit mehreren Katzen gemeinsame Tricks einstudieren

Im Folgenden finden Sie erste Anregungen für Tricks mit mindestens zwei Katzen. Entscheiden Sie selbst, ob Ihre Katzen sich gut genug verstehen, diese Tricks miteinander zu lernen, ohne dass es schlechte Stimmung gibt oder eine Katze ängstlich wird. Wenn Ihre Katzen im Alltag eher viel Abstand zueinander halten, überfordern Sie sie nicht mit einem Trick, der große Nähe notwendig macht. Seien Sie besonders aufmerksam, ob es allen Beteiligten beim gemeinsamen Training gut geht.

Sprung über eine andere Katze

Eine Katze springt über eine andere Katze. Die übersprungene Katze befindet sich dabei sicher in einem Behältnis, zum Beispiel einem Tunnel, einem Papphäuschen oder einer Transportbox.

Die springende Katze sollte möglichst nicht auf das Behältnis springen. Tut sie es dennoch, muss das Behältnis stabil genug sein, dass die darin wartende Katze nicht gefährdet wird! Ein über das Behältnis gehaltener Reifen kann die Katze dazu animieren, wirklich hinüberzuspringen.

AUFBAU

Die Katze, die den passiven Part übernehmen soll, hat bereits gelernt, mindestens eine halbe Minute zum Beispiel im Tunnel zu warten. Bitten Sie sie, sich in den Tunnel zu setzen. Jetzt geben Sie der „aktiven“ Katze das Signal, den Tunnel zu überspringen. Sollte sie zögern, clicken Sie sie für Ansätze, so wie Sie es bei jedem neuen Hindernis tun würden. Für die Clicks bekommen jeweils beide Katzen die verdiente Belohnung.

Wenn beide Katzen warten und springen können, dann lassen Sie sie in der nächsten Trainingseinheit die Rollen tauschen.

Nase-Nase

Die Katzen berühren sich kurz mit den Nasen – ein Trick, der durch Capturing trainiert wird.

AUFBAU

Halten Sie die Augen offen und den Clicker bereit und geben Sie Ihren Katzen C & B, wenn sie sich im Alltag mit dem Nasenzeremoniell begrüßen. Achten Sie unbedingt darauf, dass Sie wirklich in dem Moment clicken, in dem die beiden sich fast berühren – und nicht, wenn sie sich schon wieder distanzieren. Wenn Ihre Katzen nun beginnen, sich in untypischen Nichtbegegnungssituationen Nase-Nase zu geben, dann ist es Zeit für die Signaleinführung, zum Beispiel ein gesprochenes „Kitty-Kiss“.

Diese Übung kann die freundlichen Kontakte zwischen Ihren Katzen fördern. Wenn Ihre Katzen sich aber nie so begrüßen, sollten Sie äußerst vorsichtig damit sein, diese große Nähe zum Beispiel durch Shaping erreichen zu wollen. Die Gefahr, dass Sie dabei die persönlichen Grenzen einer Ihrer Katzen überschreiten, ist groß. Überlegen Sie sich dann lieber eine andere Übung, die die Bedürfnisse Ihrer Katzen respektiert. Vielleicht könnten sie gleichzeitig auf je einer Sofalehne sitzen? Oder über parallel liegende Bretter balancieren? Oder in nebeneinanderstehenden Transportkörben sitzen?

Sie können solch freundliche Nase-Nase-Begrüßungen zwischen Ihren Katzen mit dem Clicker einfangen und einen Trick daraus machen. (Foto: Boumala)

(Foto: Nissen)

Schlusswort

Wenn Sie mit Ihrer Katze clickern, dann vergessen Sie bitte nicht: Es muss gar nicht immer alles am Ende ganz toll und spektakulär aussehen. Viel wichtiger als der vorführbare Trick ist für mich der Weg dorthin, die gemeinsame Zeit, die ich mit der Katze auf freundliche, spaßige und spannende Weise verbringe. Wenn Ihre Katze die Tricks aus diesem Buch beherrscht, dann haben Sie beide ganz schön viel gelernt und geleistet.

Aber wenn Sie wollen, dann ist das erst der Anfang. Denken Sie sich eigene, neue Tricks aus. Beobachten Sie Ihre Katze und bieten Sie ihr Übungen an, die ihren individuellen Talenten entsprechen. Trauen Sie sich, die hier vorgeschlagenen Übungen so abzuwandeln, dass sie einfach besser zu Ihrer Katze und Ihnen passen. Wenn Sie auf Schwierigkeiten stoßen, blättern Sie zurück und lesen erneut die allgemeinen Abschnitte über die Gestaltung des Trainings. Viele Details werden in ihrer Bedeutung erst dann klar, wenn Sie in die Praxis einsteigen.

Lesen Sie alles, was Sie über das Clickern mit Katzen in die Finger bekommen können, sei es gedruckt oder im Internet. Versuchen Sie Gleichgesinnte zu finden, mit denen Sie sich austauschen können. Auch Bücher über Clickertraining mit Hunden oder Pferden enthalten manche Übungen, die sich auf Katzen übertragen lassen.

Nutzen Sie jede Gelegenheit, um nicht nur mit Ihrer eigenen, sondern auch mit fremden Katzen zu clickern und Erfahrungen zu sammeln. Fragen Sie doch einmal im örtlichen Tierheim, ob Sie den Katzen dort den Tierheimalltag etwas versüßen dürfen.

Ich wünsche Ihnen und Ihrer Katze ganz viel Spaß beim gemeinsamen Tricktraining!

Literatur

Bücher

Braun, Martina: Clickertraining für Katzen. Schwarzenbek: Cadmos, 2005.

Dbalý, Helena/Sigl, Stefanie: Das Spielebuch für Katzen. Schwarzenbek: Cadmos, 2008.

Hauschild, Christine: Stille Örtchen für Stubentiger. Unsauberkeit bei Katzen verstehen und Lösungen finden. Norderstedt: BoD, 2009.

Laser, Birgit: Clickertraining – mehr als Spaß für Katzen. Lübeck: Birgit Laser Verlag, 2003.

Parsons, Emma: Click to calm. Waltham, MA: Sunshine Books, 2005.

Pryor, Karen: Clicker Training for Cats. Waltham, MA: Sunshine Books, 2001.

Pryor, Karen: Positiv bestärken – sanft erziehen. 2. Aufl. Stuttgart: Kosmos, 2006.

Pryor, Karen: Die Seele der Tiere erreichen. Stuttgart: Kosmos, 2010.

Theby, Viviane: Clickern mit meiner Katze. Stuttgart: Kosmos, 2009.

DVD

Laser, Birgit: Clickertraining – mehr als Spaß für Katzen. DVD. Hausen bei Würzburg: Dreh-Punkt Verlag, 2010.

Internet

Aktuelle, hochkarätige Beiträge rund ums Clickern bietet das ClickerMagazin, das online unter www.clickermagazin.ch abonniert werden kann.

Aktive, kompetente und freundliche Katzenclicker-Mailinglist für den Austausch mit Gleichgesinnten: http://de.groups.yahoo.com/group/katzenclickern/

Clickertraining kann auch in der Ausbildung von Menschen als effektive und konstruktive Methode angewendet werden: www.tagteach.de

Kontakt zur Autorin

Christine Hauschild
Mobile Katzenschule Happy Miez
www.mobile-katzenschule.de

Register

CADMOS
KatzenBÜCHER

Martina Braun

Kätzisch für Nichtkatzen

Miauen, fauchen und schnurren – das ist längst nicht alles, was eine Katze an Lauten zu bieten hat! Martina Braun geht den vielfältigen Kommunikationsmitteln unserer Stubentiger auf den Grund und beschäftigt sich dabei auch mit Mimik und Gestik, Körperhaltung und besonderen Verhaltensweisen. Wer mehr über die Sprache „Kätzisch" erfährt, kann seine eigene Katze besser verstehen, typische Probleme lösen und die Beziehung zu ihr noch schöner gestalten.

80 Seiten, farbig, broschiert
ISBN 978-3-86127-130-7

Traute Cramer

Wenn Katzen kochen könnten

Auch bei Katzen geht Liebe durch den Magen. Wenn ihr „Dosenöffner" ihnen etwas Selbst-gekochtes präsentiert, erweisen sie sich als echte Gourmets. Dieses Buch präsentiert eine Vielzahl köstlicher Rezepte für zwischendurch oder für besondere Gelegenheiten. Übrigens: Die meisten von ihnen eignen sich mit den bei-gefügten Tipps zum Nachwürzen oder in leichter Abwandlung auch für Zweibeiner!

80 Seiten, farbig, broschiert
ISBN 978-3-8404-4005-2

Marlitt Wendt

Wie Katzen ticken

Flinke Jäger, liebenswerte Schmeichler, übermütige Spieler, geheimnisvolle Fabelwesen, schnurrende Träumer – Katzen sind alles auf einmal und noch viel mehr. Die Verhaltensbiologin Marlitt Wendt gewährt einen Blick in die Welt hinter den Katzenaugen und präsentiert spannende Fakten über die Intelligenz und die Gefühlswelt unserer samtpfotigen Mitbewohner.

96 Seiten, farbig, broschiert
ISBN 978-3-8404-4003-8

Lena Landwerth

Wegweiser Katzenfutter

Der Wegweiser durch den Futterdschungel: Dieses Buch bietet Katzenhaltern eine Entscheidungshilfe auf der Grundlage sorgfältig recherchierter Fakten. Es erläutert jeweils die Vor- und Nachteile von Fertigfutter, Selbstgekochtem und Rohfütterung und zeigt, dass es gar nicht so schwer ist, den Futternapf für den Stubentiger artgerecht zu füllen.

80 Seiten, farbig, broschiert
ISBN 978-3-8404-4010-6

Helena Dbalý/Stefanie Sigl

Das Spielebuch für Katzen

Katzen müssen spielen – damit sie sich wohlfühlen, körperlich und geistig fit bleiben und keine Verhaltensauffälligkeiten entwickeln. Viele Hauskatzen langweilen sich und leiden unter der mangelnden Fantasie ihrer Menschen. Das wird mit diesem Buch anders! Eine Fülle kreativer Spielideen garantiert Spannung und Abwechslung für Menschen und Katzen jeden Alters.

112 Seiten, farbig, broschiert
ISBN 978-3-86127-133-8

Cadmos Verlag GmbH · Möllner Straße 47 · 21493 Schwarzenbek
Telefon 04151-87 90 7-0 · Fax 04151-87 90 7-12 · info@cadmos.de
Besuchen Sie uns im Internet: **www.cadmos.de**

CADMOS